Der verschenkte Himmel

Ein Abriss der Raketenentwicklung bis 1945 –
der Harz als eine Keimzelle

Bernd Sternal

Sternal Media

Bibliografische Information der Deutschen Nationalbibliothek
Die Deutsche Nationalbibliothek verzeichnet diese Publikation in der
Deutschen Nationalbibliografie; detaillierte bibliografische Daten sind im
Internet über dnb.d-nb.de abrufbar.

Impressum:
© 2016 Bernd Sternal
Herausgeber: Verlag Sternal Media, Gernrode
Gestaltung und Satz: Sternal Media, Gernrode
                     www.sternal-media.de
                     www.harz-urlaub.de

Umschlagsgestaltung: Sternal Media
Fotos & Abbildungen: Archiv B. Sternal oder siehe Bildlegenden

2. Auflage Juni 2016
ISBN: 978-3-8482-0126-6
Herstellung und Verlag:
BoD - Books on Demand, Norderstedt

Als Rakete bezeichnet man einen Flugkörper mit Rückstoßantrieb. Physikalisch betrachtet, ist das ein Antrieb – also eine praktische Anwendung – nach dem 3. Newtonschen Gesetz. Dieses Gesetz der klassischen Mechanik wird auch lex tertia, Wechselwirkungsprinzip, Gegenwirkungsprinzip oder Reaktionsprinzip genannt. Ein Raketenantrieb unterscheidet sich von anderen Antriebssystemen dadurch, dass er während des Betriebs unabhängig von externer Stoffzufuhr (beispielsweise einem Oxidator) Antriebsenergie freisetzen und daher auch im luftleeren Raum beschleunigen kann.

Entwurf „Wie du solt machen gar schöne Rackette, die da von im selber oben hienauff in die hoch faren"
Abbildung von Conrad Haas (1529 - 1569) Königlicher und Kaiserlicher Zeugmeister in Hermannstadt

Abgeleitet wurde das Wort Rakete vom italienischen rocchetta (Spindel). Der österreichische Militärtechniker der frühen Neuzeit, Conrad Haas (1509 - 1576), der zu den Raketenpionieren gezählt wird, prägte in einem Buch den Begriff Racketta, aus dem später Rakete wurde. In einem Kunstbuch, dass er zwischen 1529 und 1556 verfasste, beschrieb Haas auf 282 Buchseiten die zu seiner Zeit bekannten Einsatzgebiete von „Raketen" als Feuerwerksträger und als Waffe. Und wie immer in der Technikgeschichte folgte der Theorie die Praxis viel später nach. Auch wurde seine Handschrift erst im Jahr 1961 im Hermannstädter Staatsarchiv im rumänischen Siebenbürgen wiederentdeckt. In seinem umfangreichen Werk geht Haas auch auf fertigungstechnische und konstruktive Details zum Raketenbau ein. Er beschrieb das Wirkungsprinzip des Raketenantriebs längst bevor Isaac Newton (1642 - 1726) seine Gesetze der Bewegung formulierte. In seiner Schrift erläutert er verschiedene Raketentypen, darunter auch das Prinzip der Mehrstufenrakete, der Bündelrakete, und auch die Idee eines modernen Raumschiffes nahm er bereits vorweg. Seine Ausführungen, die durch Zeichnungen und Skizzen ergänzt werden, geben bereits Hinweise auf die Anordnung der Treibsätze bei Stufenraketen. Selbst mit möglichen Treibstoffen, sowie deren Gemisch, beschäftigte sich Haas bereits Mitte des 16.Jahrhunderts. Ebenfalls flossen konstruktive Details für den Raketenbau in seine Überlegungen mit ein. Im siebenbürgischen Hermannstadt, heute das rumänische Sibiu, hatte Haas ab etwa 1550 seinen Lebensmittelpunkt. Für das Jahr 1555 ist dort der erste schriftlich belegte Raketenstart nachgewiesen. In seinem Manuskript – Entwurf „Wie du solt machen gar schöne Rakette, die da von ihm selber oben hinauff in die hoch faren" – beschreibt er dieses Ereignis, das er wohl zusammen mit anderen zeitgenössischen Ingenieuren durchgeführt hat. Der Flugkörper verfügte bereits über ein Drei-Stufen-Antriebssystem, das mit einem festen Treibstoff aus verschiedenen Pulvern – wohl inklusive Schwarzpulver – befeuert wurde. Die frühen Ingenieure experimentierten darüber hinaus mit Brennsätzen aus Essigsäure, Ammoniak sowie Äthylazetat, und sie statteten das Treibgeschoss zur Erhöhung der Flugeigenschaften mit stabilisierenden Delta-Flügeln aus, sowie glockenförmigen Antriebsdüsen. Über die Ergebnisse dieser Experimente und Versuche ist nichts überliefert.

Der letzte Absatz seines Werkes lautet: „Aber mein Rath mehr Fried und kein Krieg, die Büchsen do sein gelassen unter dem Dach, so wird die Kugel nit verschossen, das Pulver mit verbrannt oder nass, so behielt der Fürst sein Geld, der Büchsenmeister sein Leben; das ist der Rath so Conrad Haas tut geben."

Kupferstich der Merkaba-Vision des Ezechiel aus dem Iconum Biblicarum des Matthäus Merian (1593 - 1650)

Das erste Mal jedoch, dass es in der menschlichen Geschichte eine Beschreibung über ein „Luftfahrzeug" gab, geht weit in vorchristliche Zeit zurück. Der große alte Schriftprophet der Tanach – der hebräischen Bibel – Ezechiel (auch Hesekiel), lebte etwa um das 6. Jahrhundert vor Christus in Babylonien. Im ersten Abschnitt seines Buches, das später auch Bestandteil des Alten Testaments geworden ist, beschreibt er die Herrlichkeit des Herrn auf seinem fliegenden Thronwagen, der Merkaba. Um diesen Bestandteil des Alten Testaments gab es zu allen Zeiten erhebliche Meinungsverschiedenheiten und Deutungshoheiten. Besonders auch bei der Auswahl der Schriften für den Tanach, den Vorläufer des Alten Testaments, bestand Uneinigkeit über die Aufnahme von Ezechiels Nachlass. Letztlich wurden seine Texte, Dank der Fürsprache des Rabbi Chananiah, dennoch aufgenommen. Es ist jedoch nicht zweifelsfrei geklärt, ob die Inhalte der Texte, die Ezechiel zugeschrieben werden, auch wirklich von ihm stammen, oder ob sie aus den Büchern des Hosea, Jesaja, Amos oder Jeremia, zu denen Parallelen bestehen, übernommen wurden. Was den Tempel und den Thronwagen Gottes anbetrifft – die „Herrlichkeit des Herrn" – bestehen möglicherweise sogar Zusammenhänge zum Gilgamesch-Epos und das reicht bis ins 18., vielleicht sogar bis ins 24. Jahrhundert v. Chr., zurück. Aber das sind nur Vermutungen, die bisher nicht zu belegen sind.

Wenn wir das Altes Testament betrachten, so dürfen wir nicht außer Acht lassen, dass es mehr als nur „Gottes Wort" ist, es ist auch ein Geschichtswerk, es ist ein Verhaltenskodex mit Gesetzescharakter, es ist Ratgeber und Warner und es steht vieles zwischen den Zeilen.

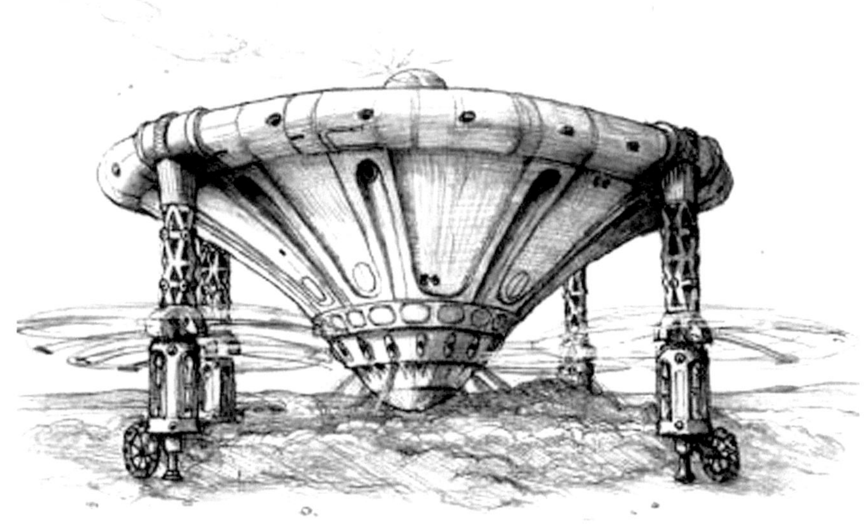

Merkaba
Abb.: B. Sternal nach Blumrichs Vorstellungen

Der Prophet Ezechiel beschreibt in seinem Buch Dinge, die ohne sie erlebt zu haben, wohl nicht so hätten niedergeschrieben werden können. Er formuliert diese Ereignisse mit den einfachen Worten einer zweieinhalbtausend Jahre alten Sprache. Er beschreibt technische Wunderwerke „die Herrlichkeit Gottes", die er sich nicht erklären kann und für die es daher auch keine passenden Worte gibt. Dennoch formuliert er exakt, weil er genau beobachtet hat und weil er davon fasziniert war, ohne eine Erklärung für die Ereignisse zu finden. Viel wurde über die Jahrhunderte in seine Texte interpretiert sowie herausgelesen, jedoch immer nur theologisch und geisteswissenschaftlich. Die Lesart wurde jedoch von der christlichen, insbesondere der katholischen Kirche, vorgegeben. Interpretationen wurden als Ketzerei gewertet und entsprechend geahndet. Diese Meinungshoheit der Kirche hielt bis zur Herausbildung demokratischer Gesellschaftsformen an.

Ing. Josef F. Blumrich um 1969 (1913 - 2002)

Als einer der ersten trat Erich von Däniken mit seinen Ezechiel-Auslegungen in den Blickpunkt der Öffentlichkeit – immer noch in geisteswissenschaftlicher Auslegung. Der österreichisch-amerikanische NASA-Ingenieur Josef F. Blumrich wollte Dänikens Theorien widerlegen und setzte sich mit der Materie auseinander. Er war mit seinen Mitarbeitern bei der NASA in den 1960er-Jahren unter anderem für Entwurf und Bau einer Stufe der Saturn-V-Mondrakete verantwortlich. Bei seinen Studien und Recherchen stellte Blumrich mit großem Erstaunen erhebliche Übereinstimmungen von NASA-Studien und NASA-Zukunftskonzepten mit Ezechiels Flugkörper-Beschreibungen fest. Er kam zu dem Schluss, dass Ezechiel technische Gebilde beschreibt, die den Konzepten dieser NASA-Studien weitgehend entsprechen. Blumrich erkannte aus den Texten Ezechiels, dass dieser mehrmals mit diesen „Luftfahrtzeugen" mitgenommen wurde, unter anderem auch zu dem Besuch eines Tempels (Ezechiel Kap. 40 - 47). Angesichts der vielen Erläuterungen und Maßangaben war Blumrich der Auffassung, dass eine Rekonstruktion möglich sein müsse. Seine Recherche-Ergebnisse verwendete Blumrich, um Ezechiels Wagen als Raumfahrtzeug zu rekonstruieren und in allen Einzelheiten darzustellen. Blumrich kam letztlich zu der Auffassung, es müsse sich um ein senkrecht startendes Raumfahrzeug gehandelt haben, dessen vier Räder in alle Richtungen drehbar waren.

Wie eine solche Landefähre „geeignet für Expeditionen auf Himmelskörpern mit Lufthülle" auszusehen habe, hatte bereits 1964 der NASA-Ingenieur Roger A. Anderson wie folgt beschrieben:

- einen brummkreiselförmigen zentralen Hauptkörper
- vier, den Hauptkörper tragende, Hubschrauber
- eine an der Oberseite des Hauptkörpers befindliche Kapsel für Kommandant und Besatzung

Die Einbauten der Landungsfähre sollten, laut Anderson, drei Hauptgruppen umfassen:

- Raketenantrieb (Reaktor, Düsen, Kühler)
- Treibstofftank, Zentralantrieb der Hubschrauber
- Aggregate wie Klimaanlage und Rückverflüssigungs-Anlage für den Treibstoff

Josef F. Blumrich benutzte Andersons Unterlagen als Kontroll-Kriterium für seine eigene Arbeit sowie für die Analyse von Ezechiels Beschreibungen. Zunächst identifizierte er die vom Propheten im ersten Kapitel beschriebenen vier geflügelten Wesen als die vier Hubschrauber des Anderson-Modells. Laut dessen Ausführungen müssten bei der Landung zwischen den Hubantrieben glühende Kühler installiert sein. Aus der Beschreibung Ezechiels geht hervor, dass er zwischen den Flügelwesen „brennende Feuerkohle, wie Fackeln" erblickt hatte. Diese Beschreibung lässt sich unschwer mit Andersons Maßgabe vereinbaren.

Im Jahr 1972 veröffentlichte Blumrich seine Arbeit in dem Buch „The Spaceship of Ezechiel" (deutsche Ausgabe „Da tat sich der Himmel auf"). Im selben Jahr reichte Blumrich seine Konstruktion nach Ezechiels Beschreibung beim US-Patentamt zum Patent ein und erhielt 1974 darauf das US-Patent. Er wollte damit vorrangig erreichen, dass seine Konstruktion von anderen erfahrenen Ingenieuren verifiziert wurde, was ihm auch gelang.

Blumrich untersuchte zudem die von Ezechiel beschriebene Geräusch-
kulisse während seiner drei Flüge. Als Resultat dessen identifizierte er
einen Zentralantrieb mit Düsen. Weiterhin meinte Blumrich deuten zu
können, dass zusammen mit dem ersten Raumschiff mindestens noch
ein weiteres operierte, dass die Astronauten über zuvor abgesetztes
Bodenpersonal verfügten, dass die Kommandokapsel von der Landefähre ablösbar war und dass die Besatzung über personenbezogene
Fluggeräte verfügte.

Hans Herbert Beier (1929 - 2004)

Inspiriert von Blumrich, und auf dessen Erkenntnissen aufbauend, nahm sich der Ingenieur Hans Herbert Beier (1929 - 2004) des Buches Ezechiel an. Beier, in einem großen Unternehmen beschäftigt, war ein bedeutender deutscher Paläo-SETI- und Kornkreis-Forscher und sah in Ezechiels Schilderungen von himmlischen Tempelanlagen eine Basis für außerirdische Raumfahrtzeuge. Seine Rekonstruktionsversuche, die er in dem Buch „Kronzeuge Ezechiel" veröffentlichte, erwiesen sich als erstaunlich kompatibel mit den Resultaten von Blumrich, obwohl sich dieser nur mit seiner Kernkompetenz, der Raumfahrzeugkonstruktion, befasst hatte. Blumrich war überzeugt davon, dass Ezechiel seine Schilderungen von einem Raumfahrzeug nur deshalb so detailgetreu verfassen konnte, weil er selbst mit einem solchen mehrfach geflogen war. Analog war auch Beier von der Überzeugung beseelt, dass die exakten Schilderungen mit Maßangaben von den Tempelanlagen, die Ezechiel als „Herrlichkeit Gottes" bezeichnete, nur entstanden sein konnten, weil es dieses Bauwerk in der Realität gab. Zudem muss Ezechiel diese Tempelanlage wohl mehrfach besucht, sie genau inspiziert

und vermessen haben, denn sonst wären solche maßgenauen Angaben nicht möglich. Der Ingenieur Hans Herbert Beier trat in seinem Buch den Beweis an, dass es den in der Bibel beschriebenen Tempel tatsächlich gegeben hat und wohl noch heute, wenn auch nur als Ruine, geben muss. Der Autor überzeugt dabei mit einer detailversessenen, präzisen und vor allem faszinierenden Rekonstruktion dieser heiligen Stätte. Die Genauigkeit der Analyse rechtfertigt eine weltweite Suche nach den Ruinen dieser Anlage, die durchaus eine Erdbasis für weltraumtaugliche Landefähren einer extraterrestrischen Lebensform gewesen sein kann. Beier vermutet dabei, dass diese Raumfahrtbasis vorrangig in Süd- oder Mittelamerika zu suchen sein wird.

Wer die wissenschaftlich fundierten Werke von Blumrich und Beier gelesen und sich auch mit dem Buch von Ezechiel auseinandergesetzt hat, dem wird es schwerfallen die Anwesenheit extraterrestrischen Lebens zur Zeit Ezechiels zu negieren – auch wenn Kirche und Wissenschaft dem vehement widersprechen. Die Zeit wird kommen, in der wir unvoreingenommener mit vielem, was uns unerklärlich erscheint, umgehen werden, ohne bei jeder abweichenden Meinung gleich Verschwörungstheorien herbei zu reden.

Aber zurück in die Neuzeit: Ein weiterer Raketenpionier war Casimir Simienowicz (um 1600 - 1651), ein Adliger aus Polen-Litauen. Bevor im Jahr 1961 die Schriften von Conrad Haas wiederentdeckt wurden, galt Simienowicz als Erster, der in seinem Werk „Ars magna artilleriae pars prima" von 1650 eine Beschreibung eines Dreistufen-Raketenantriebes veröffentlicht hatte. Nachdem er an der Universität Vilnius ein Magisterstudium abgeschlossen hatte, war Simienowicz als Offizier und Militäringenieur im Dienst von König Wladyslaw IV. Wasa tätig. Er wurde zum Artillerie-Fachmann und beschrieb in seinem Werk den Stand der Artillerie. Weiterhin entwickelte er Visionen für die Zukunft dieser Waffengattung; auch die Beschreibung einer Dreistufen-Rakete kam darin vor.

Diesen beiden europäischen Raketenpionieren waren die Chinesen jedoch schon Jahrhunderte durch erste praktische Anwendungen zuvorgekommen. Der erste überlieferte Raketenstart fand im Jahr 1232 im Chinesischen Kaiserreich statt. Im Krieg gegen die Mongolen setzten die Chinesen in der Schlacht von Kaifeng eine Art Rakete ein: Dabei feuerten sie eine Vielzahl simpler, von Schwarzpulver angetriebener, Flugkörper auf die Angreifer ab. Die Raketen sollten dabei weniger den

Gegner verletzen oder töten, als die feindlichen Soldaten und Pferde erschrecken.

Die Chinesen gelten als Erfinder des Schwarzpulvers sowie der Feuerwerkstechnik, auch wenn dieses Kapitel der Technikgeschichte noch etwas umstritten ist. Diese pyrotechnische Mischung aus Kaliumnitrat, Holzkohle und Schwefel ist wohl schon vor dem 10. Jahrhundert erfunden worden, so der Chemiker und renommierte Experte für Explosivstoffgeschichte Jochen Gartz. Er vertritt außerdem die Ansicht, dass die Rezeptur für Schießpulver nicht zufällig entdeckt wurde, sondern sich durch gezielte Experimente mit salpeterhaltigen Brandmischungen entwickelt hat, wie sie den Byzantinern bereits seit dem 7. Jahrhundert bekannt waren. Er geht davon aus, dass bei diesen Versuchen nach und nach die flüssigen Bestandteile des sogenannten „Griechischen Feuers" durch feste Bestandteile, wie pulverisierte Kohle, ersetzt wurden. Als „Griechisches Feuer" wurde eine flüssige Brandwaffe bezeichnet, die von den Byzantinern seit dem 7. Jahrhundert verwendet wurde und die eine Erdölbasis hatte.

Nach antiken Quellen wird die Erfindung dieser Brandwaffe dem griechischen Architekten Kallinikos zugeschrieben. Dieser war aus Heliopolis (heute Libanon) vor den Arabern nach Konstantinopel geflohen. Es besteht die Vermutung, dass er im Krieg mit den Arabern, um das Jahr 677, das „Griechische Feuer" für den Seekrieg entwickelte. Diese Waffe soll von entscheidender Bedeutung zur Abwehr der arabischen Belagerung von Konstantinopel von 674 - 678 gewesen sein. Eigentlich war das „Griechische Feuer" jedoch wohl keine Erfindung, sondern nur eine Weiterentwicklung von Kallinikos Brandwaffe. Bereits in der Spätantike, also etwa 200 Jahre zuvor, hatten Oströmer und Byzantiner, sowie deren Gegner, mit Brandwaffen experimentiert und diese wohl auch eingesetzt. So scheinen entsprechende Vorläufer bereits kurz nach 500 unter Kaiser Anastasios I. im Kampf gegen den rebellischen Heermeister Vitalianus eingesetzt worden zu sein. Kallinikos ist wohl die Erfindung eines Siphons zu zuschreiben, also einem Apparat, mit dem das „Griechische Feuer" mittels Druck auf die gegnerischen Schiffe gesprüht wurde – ein Apparat also, den wir mit moderner Terminologie als Flammenwerfer bezeichnen würden. Vier bis fünf Jahrhunderte später, im 9. und 10. Jahrhundert, entwickelten sich daraus sogar Hand-Druckapparate, die zur direkten Feindbekämpfung eingesetzt wurden und Siphon oder Strepton genannt wurden. Das „Griechische Feuer" ist zwar keine Raketentechnik, es war jedoch auf Erdölbasis wohl der erste Flüssigkeitstreibstoff. Diese Brandmittel wurden ständig weiterentwickelt. In antiken Quellen findet mehrfach ein Brandmittel, das als Brandwaffe eingesetzt wurde, Erwähnung, welches als „Pyr autómaton" bezeichnet wurde. Dabei handelte es sich, gemäß überlieferter Rezepturen, um eine Paste, die aus einer Kombination von Petroleum (Naphtha) mit Schwefel, Holzpech und ungelöschtem Kalk hergestellt wurde. Es heißt, dass sich „Pyr autómaton" durch einen Tropfen Wasser angeblich selbst entzündete. In tönerne Gefäße gefüllt, ließen sich diese antiken Vorläufer der Granaten mit Hilfe von Katapulten hinter jede Festungsmauer schießen.

Aber zurück zum Schwarzpulver: Erstmals exakt beschrieben wurde dafür ein Rezept im Liber Ignium, dem Buch des Feuers. Verfasst wurde dieses „Feuerwerksbuch, um den Feind zu verbrennen" von dem fiktiven Autor Marcus Graecus in Spanien um 1225. Das Buch enthält ein Rezept zur Herstellung von Schwarzpulver in der Zusammensetzung 6 Teile Salpeter, 2 Teile Holzkohle und 1 Teil Schwefel. Ebenfalls veröffentlichten der deutsche Gelehrte und Bischof, Albertus Magnus, sowie der englische Franziskaner und Gelehrte, Roger Bacon, im 13. Jahrhundert in ihnen zugeschriebenen Werken Informationen über Schwarzpulver.

Im Jahr 1633 soll der osmanisch-türkische Luftfahrtpionier Lagâri Hasan Çelebi (Çelebi war ein osmanischer Ehrentitel) gemäß den Chroniken von Evliya Çelebi an der Küste des Bosporus, unterhalb vom Topkapi-Palast, ca. 20 Sekunden mit einer selbstgebauten Rakete geflogen sein. Es war das Jahr der Geburt der Tochter von Sultan Murad IV. und gemäß der Chronik soll Çelebi vor dem Start angekündigt haben, dass er „mit Jesus im Himmel sprechen werde". Er hob mit einer kegelförmigen Rakete ab, glitt mit Flügeln über den Bosporus und machte eine erfolgreiche Landung, was ihm eine Position in der osmanischen Armee einbrachte. Er wurde vom Sultan mit Gold und dem Rang eines Sipahi belohnt, berichtet die Chronik. Evliya Çelebi beschreibt die Rakete als eine 7 Ellen lange (1 Elle = ca. 64 cm) kegelförmige Konstruktion mit einem siebenstrahligen Ausstoß, die mit 50 Okka Schwarzpulver gefüllt wurde (1 Okka = 1,282 kg). Man nimmt an, dass das Startgewicht der Rakete etwa 165 kg betrug, ca. 450 bis 600 Gramm Schwarzpulver in der Sekunde verbrannt wurde, was für eine Brenndauer von 15 bis 20 Sekunden ausgereicht hätte, um einen Startschub von ca. 175 kg sicherzustellen, der für einen erfolgreichen Start notwendig gewesen wäre. Der vertikale Flug dauerte, Evliya Çelebi zufolge, etwa 20 Sekunden.

Zeitgenössische Darstellung des Raketenfluges von Raketenpionier Lagari Hasan Çelebi aus dem 17. Jhd., Urheber unbekannt

Unabhängig davon, dass Berichte Dritter oder weitere Zeugenangaben und Flugdetails fehlen, halte ich diesen angeblichen Raketenflug für unglaubwürdig. Auch ist nicht bekannt und außerdem fragwürdig, ob der große osmanische Schriftsteller und Chronist Evliya Çelebi Augenzeuge des Raketenfluges war.

171 Jahre später, 1804, stellte der britische Offizier und Militäringenieur William Congreve (1772 - 1828), mit der von ihm entwickelten und später nach ihm benannten Congreve'schen Rakete, erste umfangreiche Versuche an. Er gilt als Erfinder der Brandrakete; so bezeichnet man eine Feststoffrakete (auch Feststoffraketenantrieb), deren Antriebssatz aus festem Material besteht. Sowohl reduzierende als auch oxidierende Komponenten werden als feste Stoffe gebunden mitgeführt.

Sir William Congreve (1772 - 1828),
Gemälde von Elizabeth M. Harris
United States National Museum, Bulletin 25201

Im Rahmen der Napoleonischen Kriege wurden Brandraketen 1806 bei Boulogne, 1807 beim Bombardement von Kopenhagen, 1809 beim Angriff auf die französische Flotte bei Île d'Aix, sowie bei der Beschießung von Vlissingen und 1813/1814 vor Glückstadt eingesetzt. Während der Befreiungskriege stellten die Briten ihren Verbündeten Raketenbatterien zur Verfügung, die man 1813 bei den Belagerungen von Wittenberg und Danzig sowie in der Völkerschlacht bei Leipzig einsetzte.

Auch im 2. Unabhängigkeitskrieg im Jahr 1812 in den USA setzten die Briten die Congreve'schen Raketen gegen die Amerikaner ein. Während des Bombardements von Baltimore im September 1814 inspirierten die von den Briten abgeschossenen Raketen den Amerikaner Francis Scott Key zu einer Zeile (…and the rockets red glare…) für sein Lied „The Star-Spangled Banner", das später zur amerikanischen Nationalhymne wurde.

An die Entwicklungen und die Erfolge von Congreve knüpfte der österreichische Offizier Vincenz Freiherr von Augustin (1780 - 1859) unmittelbar an. Er beschäftigte sich intensiv mit den Raketenentwicklungen des Briten und führte diese neue Waffe in die österreichische Armee ein. Augustin wurde 1814 Chef der Kriegs-Raketen-Anstalt und 1817 Kommandant des, in der österreichischen Artillerie neu errichteten, Raketenkorps. Aus dem Jahr 1865 stammt ein österreichisches Raketengeschütz für achtpfündige Rotationsraketen, das sich im Heeresgeschichtlichen Museum in Wien befindet.

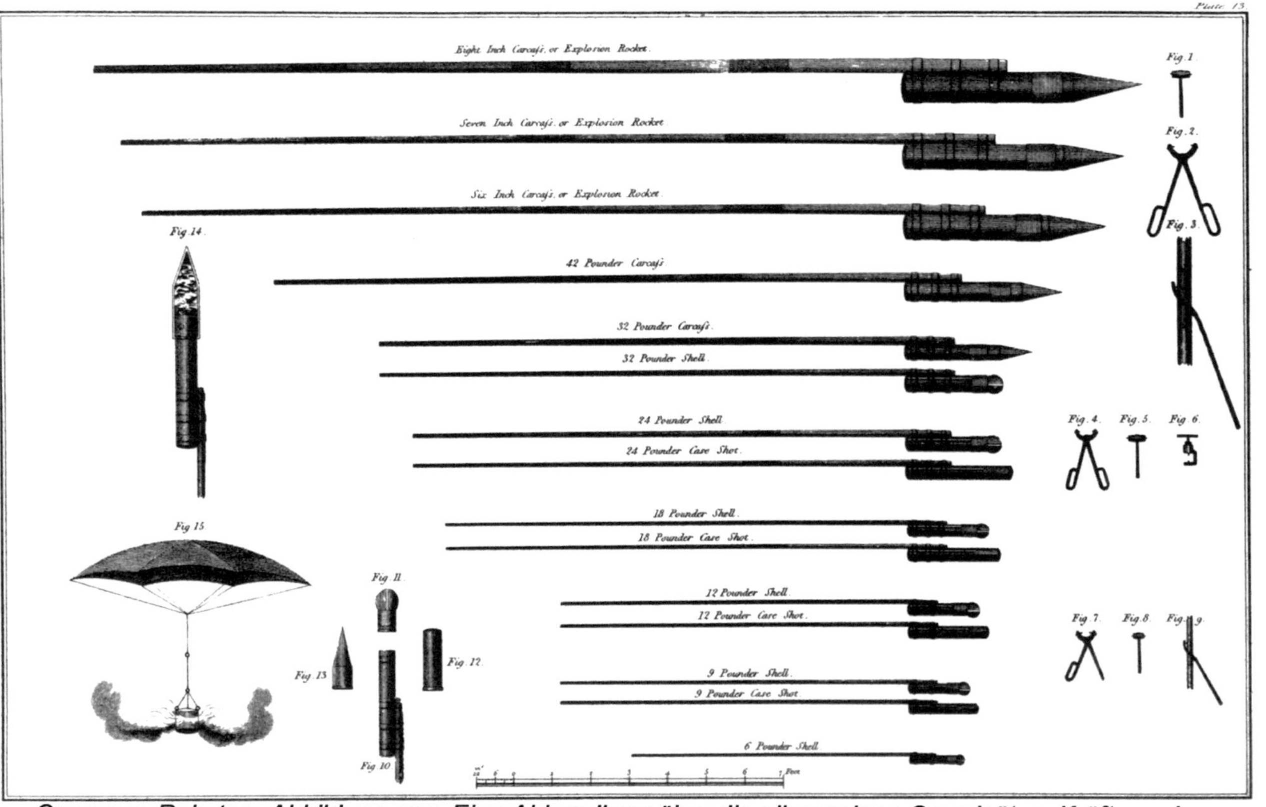

Congreve-Raketen, Abbildung aus „Eine Abhandlung über die allgemeinen Grundsätze, Kräfte und Eigenschaften der Anwendung des Congreve-Rocket-Systems", London 1827

Rotationsrakete nach William Hale
Hale'sche Rakete mit Querschnittszeichnung

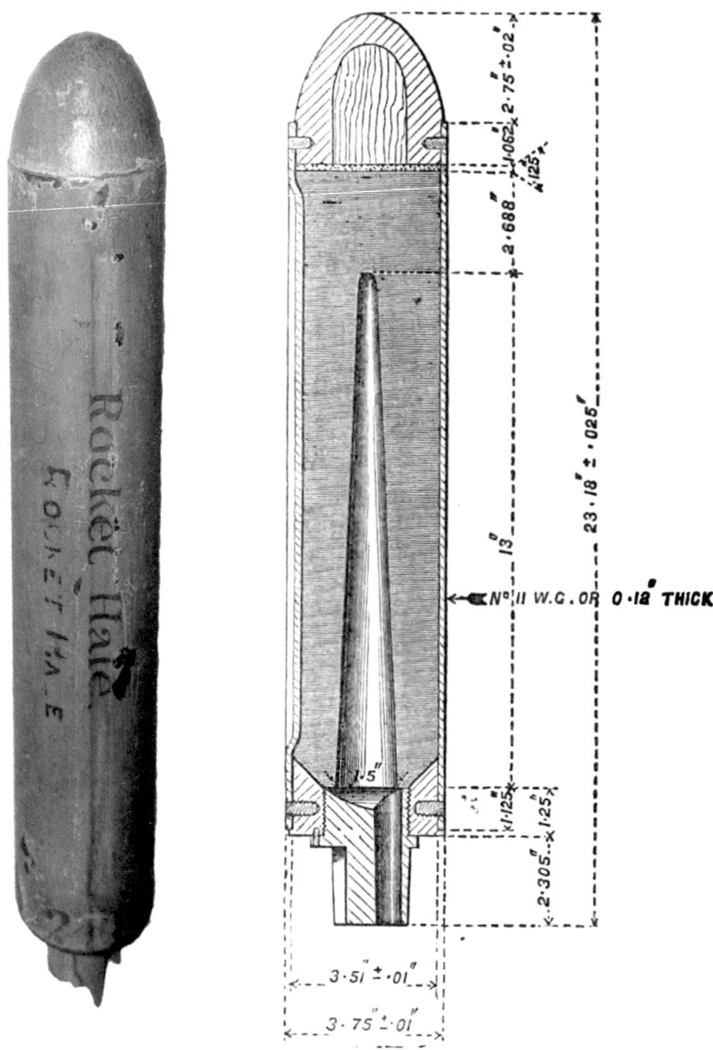

Autor Foto: Smithsonian Institution 2013,
Autor Zeichnung: War Office 1874

Ein weiterer britischer Erfinder und Raketenpionier war William Hale (1797 - 1870). Über seine Ausbildung ist wenig bekannt. Jedoch wandte er sich beruflich der Physik und insbesondere deren Teilgebiet, der Strömungslehre, zu. Er erfand eine dampfbetriebene Archimedische Schraube, die patentiert wurde und als Vorläufer des Wasserstrahlantriebs gilt. Da seine Erfindung auf kein Interesse bei der Royal Navy stieß, wandte er sich in der Folge der Congreve'schen Raketen-Technik zu; auch arbeitete Hale an Weiterentwicklungen von Windmühlen sowie an der Verbesserung der chemischen Zusammensetzung von Schießpulver. Bei seinen Forschungen und Weiterentwicklungen an der Congreve'schen Rakete kamen ihm seine umfangreichen Kenntnisse der Strömungslehre zugute. Er konstruierte eine Rakete, die nicht mehr durch einen Stab, sondern durch den Treibstoff selbst stabilisiert wurde. Die Verbrennungsgase traten nicht mehr durch die hintere Antriebsöffnung aus, sondern durch seitlich eingebrachte Bohrungen, was zur Folge hatte, dass die Rakete in Rotation um die eigene Achse versetzt wurde. Diese Entwicklung von William Hall löste die Congreve'sche Rakete ab und wurde Hale'sche Rakete genannt.

Konstantin Eduardowitsch Ziolkowski

Als Gründungsvater der modernen Raumfahrtheorie gilt jedoch der Russe Konstantin Eduardowitsch Ziolkowski (1857 - 1935). Wie so viele „Große Geister", so war auch er schwer vom Schicksal gezeichnet. Mit etwa 10 Jahren erlitt er eine schwere Scharlacherkrankung, durch die er nahezu taub wurde, weswegen er die Schule verlassen musste. Ziolkowski bildete sich jedoch autodidaktisch weiter und wurde außerdem von seinem Vater, einem orthodoxen Priester, unterrichtet. So erwarb er sich das nötige Rüstzeug, um zum Studium nach Moskau gehen zu können, wo er Physik, Astronomie, Mechanik und Mathematik studierte. Nach drei Jahren Studium wurde er von seinem Vater in seinen Heimatort, in der Provinz Kaluga in Zentralrussland, zurückgeholt; ob er einen Studienabschluss erreicht hat ist nicht bekannt. Er bekam in seiner Provinz Anstellungen als Lehrer für Mathematik und Naturwissenschaften. Durch utopische und fantastische Literatur, insbesondere von Jules Verne, begann Ziolkowski eigene Raumfahrtgeschichten zu schreiben. Bald jedoch erkannte er, dass ihm wissenschaftliche als auch konstruktive Arbeit mehr lag. Er begann Raumfahrttheorien zu entwickeln, in die er naturwissenschaftliche und technische Kenntnisse und Erfahrungen einfließen ließ. Sein Augenmerk legte er zunächst auf Ganzmetallluftschiffe. 1885 schlug er erstmals einen Weltraumturm und einen Weltraumlift vor. 1886 veröffentlichte Ziolkowski die Studie „Theoria Aerostatika“, der 1892 die „Aerostat Metallitscheski“ (Theorie eines Ganzmetall-Luftschiffes) folgte. Verfolgte er anfangs noch vorrangig utopische Ideen, so wandte er sich ab etwa Mitte der 1880er Jahre praktischen Anwendungen sowie wissenschaftlich fundierten theoretischen Grundlagen zu. In seiner Wohnung baute er sich einen Windkanal, um die Luftwiderstände verschiedenster Objekte zu ermitteln. Im Rahmen seiner Raketenforschungen erkannte er, dass die bisher eingesetzten Feststoffraketen nicht die Leistungen erbringen können, um in den Weltraum vorzustoßen. Er konzipierte fortan flüssige Treibstoffe aus Wasserstoff, Sauerstoff und Kohlenwasserstoffen. Zudem entwickelte Ziolkowski die Raketengrundgleichung und veröffentlichte diese 1903 in dem russischen Wissenschaftsmagazin „Wissenschaftliche Rundschau“ unter dem Titel: „Erforschung des Weltraums mittels Reaktionsapparaten“. Seine Gleichung beschrieb erstmals den theoretischen Effekt eines Raketenantriebs und bildet bis heute eine Grundlage der Raumfahrttechnik. Weitere Arbeiten an Flüssigkeitsraketentriebwerken, an Kühl- und Wärmeableitsystemen für Brennkammern und an Raketensteuersystemen verschafften ihm bleibende Anerkennung. Seine Studien zum Prinzip der Mehrstufenraketen, zur Entwicklung und zum Betrieb von Raumstationen schufen Zukunftsvisionen. Ziolkowskis visionäre Ideen und Entwicklungen stießen jedoch zunächst im zaristischen Russland auf wenig Interesse.

Im Jahr 1923 veröffentlichte der österreichisch-ungarische Raketenforscher Hermann Julius Oberth (1894 - 1989) das Buch „Die Rakete zu den Planetenräumen“, das zu einem internationalen Erfolg wurde. Dazu aber später mehr! Durch diese Veröffentlichung erinnerte sich der baltischdeutsch-sowjetische Autor und Raketenforscher Friedrich Arturowitsch Zander (1887 - 1933) an einen Zeitungsartikel über die Arbeiten von Ziolkowski. Zander nahm Kontakt zu Ziolkowski auf und war von

Hermann Oberth ((1894 - 1989)
Abb.: Hermann-Oberth-Raumfahrt-Museum

dessen Raketenforschungen dermaßen beeindruckt, dass er ein Buch über ihn und seine Arbeiten veröffentlichte, wodurch Ziolkowski sowohl in der Sowjetunion als auch international bekannt wurde. Die junge Sowjetunion suchte politisch internationale Anerkennung, da kamen Ziolkowskis Raketenforschungen wohl genau zum richtigen Zeitpunkt. Er bekam nun viel Unterstützung und auch Anerkennung und erlangte große Popularität in der Sowjetunion. Der sowjetische Schriftsteller Alexei Nikolajewitsch Graf Tolstoi, der sich zu jener Zeit der utopischen Literatur zugewandt hatte, verwendete Ziolkowskis Vorstellungen eines Raumschiffes in seinem Roman „Aëlita".

Ziolkowski gilt, zusammen mit Oberth und dem US-Amerikaner Robert Hutchings Goddard (1882 - 1945), als Visionär und Pionier der Raumfahrt. Seine beiden letzten Veröffentlichungen waren das „Album der kosmischen Reisen" aus dem Jahr 1932 und „Die höchste Geschwindigkeit bei Raketen" aus dem Jahr 1935. Es war ihm jedoch nicht vergönnt, die praktische Umsetzung seiner Ideen zu erleben. Ziolkowski prognostizierte den Beginn der Raumfahrt für 1950 (tatsächlich 1957 – Sputnik) und den ersten Menschen im Weltall für 2000 (tatsächlich 1961 – Juri Gagarin).

Von Ziolkowski stammt auch folgendes Zitat: „Es stimmt, die Erde ist die Wiege der Menschheit, aber der Mensch kann nicht ewig in der Wiege bleiben. Das Sonnensystem wird unser Kindergarten."

Etwa 35 Jahre nach Ziolkowskis ersten Veröffentlichungen begann die Raumfahrtkarriere von Robert Goddard (1882 - 1945) in den USA. Auch er hatte es anfänglich nicht leicht, obwohl er Physik studiert und sogar promoviert hatte: Grundlegend neue Ideen haben es bis heute schwer und werden oftmals verlacht oder ausgegrenzt. So erging es auch Dr. Goddard. Im Jahr 1920 publizierte er den visionären Aufsatz „Methods for Reaching Extreme Altitudes" (Methoden um extreme Höhen zu erreichen), in dem er anregte zukünftig Raketen für einen Flug zum Mond zu nutzen. Goddard hatte zwar bereits 1914 zwei US-Patente – für eine Rakete mit flüssigem Brennstoff (1,103,503) sowie für eine zwei- oder dreistufige Feststoffrakete (1,102,653) – was ihn jedoch nicht vor der Verunglimpfung durch die Presse als Spinner (Moon Man) bewahrte. Zu Lebzeiten konnte er mit seinen Raumfahrtvisionen kaum noch Aufmerksamkeit erlangen – er galt als unverbesserlicher Fantast. Bei seinen Raketenentwicklungen, die er bereits ab 1916 betrieb, hatte er dagegen mehr Erfolg. Finanziell unterstützt durch die US-amerikanische Forschungs- und Bildungseinrichtung Smithsonian Institution entwickelte er bereits um 1918 militärische Feststoffraketen und auch den Prototyp der Bazooka, einer Panzerabwehr-Handwaffe. Diese Waffe wurde jedoch im Ersten Weltkrieg nicht mehr fertiggestellt – sie kam erst im Zweiten Weltkrieg zum Einsatz. Bei der Bazooka handelt es sich um die erste raketenangetriebene Handwaffe überhaupt. Sie bestand im Wesentlichen aus zwei Hauptkomponenten: dem Raketenantrieb und dem Hohlladungssprengkörper. Letzterer wurde bereits um 1880 von dem amerikanischen Physiker Charles Edward Munroe konzipiert. Als jedoch der Erste Weltkrieg zu Ende war, bestand beim amerikanischen Militär kein weiteres Interesse an der Waffe und Goddard stellt diese Entwicklung ein. Sie wurde dann in den 1930er Jahren, im Auftrag des amerikanischen Kriegsministeriums, durch Henry Mohaupt fortgeführt.

Parallel zum Feststoffantrieb arbeitete Goddard ab etwa 1916 am Flüssigkeitsantrieb weiter. Bis zu einem ersten erfolgreichen Raketenstart dauerte es allerdings bis zum 16. März 1926; die Flüssigkeitsrakete flog jedoch lediglich 50 m weit, etwa 14 m hoch und war nur 2,5 Sekunden in der Luft. Dennoch untermauerte dieser Versuch Goddards Theorien und Visionen, auch war es wohl der erste dieser Art weltweit. Gut 3 Jahre später konnte er einen ersten erfolgreichen Raketenstart mit Nutzlast absolvieren, die aus einem Barometer, einem Thermometer und einer Kamera bestand. Es war am 17. Juli 1929 und Goddards Flüssigbrennstoffrakete erreichte lediglich eine Höhe von 27 Meter – aller Anfang ist schwer! Jedoch brachte ihm nicht dieser Raketenstart Popularität, sondern der Behörden-Amtsschimmel. Seine Rakete war angeblich derart laut, dass die Behörden ihm im gesamten Bundesstaat Massachusetts Startverbot erteilten. Diese Schlagzeile füllte die Zeitungen und machte auch Charles Lindbergh auf Goddard aufmerksam. Lindbergh war von den Raketenversuchen Goddards derart beindruckt, dass er den Industriellen Daniel Guggenheim, mit dem er freundschaftlich verbunden war, dafür gewann, Goddard bei seinen Entwicklungen und Versuchen zu unterstützen.

Ab 1930 führte Goddard seine Tests bei Roswell in der Wüste New Mexikos durch und konnte mit seinen Flüssigtreibstoffraketen neue Rekorde aufstellen: In einem Versuch stieg die Rakete bis auf 610 m auf und erreichte eine Geschwindigkeit von etwa 800 km/h. Bei diesen Testflügen gerieten ihm die Raketen jedoch etwas außer Kontrolle, wodurch er die Probleme der Flugstabilisierung erkannte. Er führte daraufhin längere Zeit keine weiteren Versuche durch und widmete sich diesem Problem. Am 8. März 1935 startete er eine Rakete, die als erste mit einer Geschwindigkeit von 1.125 km/h die Schallmauer durchbrach. 20 Tage später erfolgte ein weiterer Start, mit einer von ihm entwickelten Kreiselstabilisierung, der endgültig den Durchbruch für Flüssigtreibstoff-Raketen brachte. Die Rakete erreichte eine Höhe von 1.460 Metern und flog fast 4.000 Meter weit.

Robert Goddard war jedoch nicht nur praktisch tätig, er entwickelt auch die theoretischen, mathematischen Grundlagen zur Berechnung von Raketenantrieben. Er wies nach, dass Raketenantriebe auch im luftleeren Raum (Vakuum) Vortrieb erzeugen können, was Grundvoraussetzung für die künftige Raumfahrt war.

Am 10. August 1945 starb Robert Goddard in Baltimore, Maryland. Zu seiner Lebzeit blieb ihm der große Durchbruch verwehrt und auch die verdiente Anerkennung für seine Arbeit erhielt er nicht. Erst nach dem 2. Weltkrieg erlangte die Raumfahrtforschung größere Bedeutung und Goddard erhielt die ihm zustehende Würdigung. Am 1. Mai 1959 wurde das Goddard Space Flight Center (GSFC) der NASA gegründet, ein wissenschaftliches Forschungslabor für unbemannte Raumfahrt, das nach dem amerikanischen Pionier für Raketenantriebstechnik Robert Goddard benannt wurde.

Dipl.-Ing. Rudolf Nebel an seinem Schreibtisch auf dem Raketenversuchsgelände in Reinickendorf am Tegeler Weg 1930.
Foto: R. Nebel, Die Narren von Tegel, Droste Verlag 1972

Goddard war jedoch nicht der erste, der erfolgreich einen modernen Raketenflugversuch durchführte, das war wohl der deutsche Offizier und spätere Ingenieur Rudolf Nebel (1884 - 1978). Durch diesen Jagdpiloten lässt sich erstmals eine Verbindung der Raketentechnik zur Harzregion herstellen, und zwar durch ein Jagdflugzeug der Halberstädter Flugzeugwerke. Nebel hatte vor dem Ersten Weltkrieg ein Ingenieur-Studium an der Universität München aufgenommen, musste dieses jedoch wegen des Krieges unterbrechen und wurde Jagdpilot. Er war Angehöriger der Jasta 5, die am 10.08.1916 an der Westfront gegründet worden war. Ich nenne dieses Datum, weil der Zeitpunkt der folgenden Ereignisse nicht genau bekannt ist, sie dennoch wohl für Ende 1916 angenommen werden können.

Leutnant Nebel wurde bei einem Luftgefecht schwer verletzt. Im Lazarett ging ihm sein Gefecht nicht aus dem Sinn und er grübelte über zukünftige Strategien nach. Besonders die Angriffsdistanz im Luftkampf bereitete ihm Sorge. Die gängige Bewaffnung zwang die Piloten dazu, in unmittelbare Nahdistanz zum Gegner zu gehen, wodurch das Abschuss- und Kollisionsrisiko sehr groß waren. Bei seinen Überlegungen erinnerte er sich an den Mathematikunterricht in seiner Schulzeit, in dem der Lehrer von uralter Kriegführung mit Raketen berichtet hatte. Nebel erkannte, dass durch eine derartige Technik die Kampfdistanz erheblich vergrößert werden könnte. Er begann Skizzen und Zeichnungen anzufertigen – er wollte Raketen unter die Tragflächen seines Flugzeuges montieren. Als er wieder bei der Staffel war, setzte er sein Vorhaben in die Tat um. Dazu montierte er Ofenrohre unter die Tragflächen seines Halberstadt-Doppeldeckers und bestückte diese mit einer Anzahl von Signalraketen, wie sie bei der Infanterie verwendet wurden. Dann verlegte er Kabel und führte das Zündkabel in sein Cockpit und installierte einen Zündschalter. Fertig war das unheilvolle Raketenkonstrukt. Über den Kampfeinsatz am kommenden Tag berichtet Nebel folgendes: „25 Flugzeuge stiegen auf. Ich achtete nicht mehr auf meine Staffelkameraden, die schneller steigen konnten als mein Flugzeug mit seinen vier Ofenrohren. Zu Überlegungen war keine Zeit. Ich flog direkt auf einen feindlichen Verband zu und drückte automatisch auf einen kleinen Knopf am Steuerknüppel. Es war eine enorme Entfernung (über 328 Fuß = 110 Meter), verglichen mit dem üblichen Gefechtsbereich. Unter meinen Tragflächen tanzte ein Feuerwerk, dann schoss ein riesiger Rauchschweif durch die englische Schwadron. War ich erfolgreich? Tatsächlich! Ein englischer Pilot führte mit seinem Doppeldecker einen Sturzflug durch und landete auf dem nächsten Feld. Ich folgte ihm, indem ich abdrosselte und 20 Meter entfernt landete. Der Tommy versuchte nicht den Trick, sich zu ergeben und dann in letzter Minute zu entkommen. Die neue Waffe hatte ihn derart erschreckt, dass er sich ohne Widerstand ergab. Acht Tage später entdeckte ich, dass die Ofenrohre mehr als nur eine moralische Wirkung hatten. Während dieser Operation zerschoss ich den Propeller einer feindlichen Maschine, die abstürzte...“.

Dieser Kampferfolg motivierte Rudolf Nebel zusätzlich. Er montierte seine „Raketenwerfer aus Ofenrohren“ unter einer Albatros D III und startet damit eine Woche später erneut zu einem Kampfeinsatz. Doch diesmal lief es nicht gut für Nebel, denn die heißen Raketengase entzündeten die leichtbrennbaren Tragflächen seines Flugzeuges. Doch der junge Leutnant hatte Glück im Unglück, seine Bruchlandung verlief für ihn ohne schwere Verletzungen. Nachdem er wieder genesen war, wurde er von seinem Kommandeur für das Eiserne Kreuz erster Klasse sowie für den Flieger-Siegespokal, für seine zwei Abschüsse mit der neuen Raketenwaffe, vorgeschlagen. Weitere Flüge mit seiner Eigenentwicklung, sowie auch weitere Versuche, wurden ihm jedoch streng verboten.

Leutnant Hermann Göring berichtete über die Aktionen von Rudolf Nebel für das Oberkommando und kreierte den treffenden Namen „Nebelwerfer“, der später sowohl für den Raketen-Piloten Nebel, wie auch für

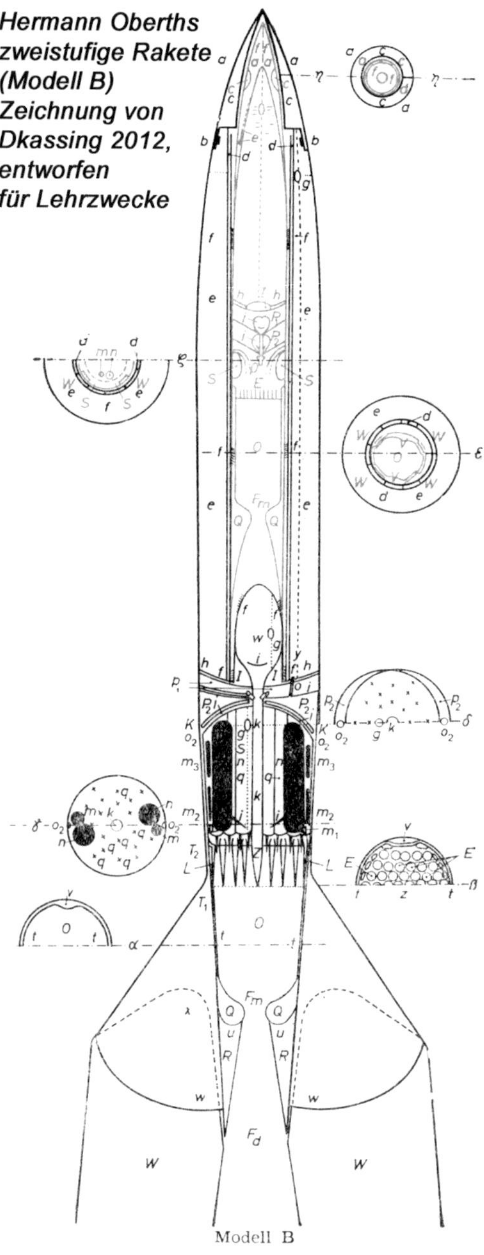

deutsche Raketenwerfer Verwendung fand. Zu Rudolf Nebel und seinem Werdegang werde ich später weitere Ausführungen machen.

Nun kommen wir zurück auf den bereits erwähnten Raketenpionier Hermann Oberth aus Siebenbürgen. Von seinem Vater, einem Arzt, bekam er bereits als Schuljunge die Zukunftsromane von Jules Verne geschenkt und begeisterte sich, wie so viele andere, für dessen Visionen. Doch im Gegensatz zu den zahlreichen anderen Lesern begann er sich mit dessen Schilderungen auseinander zu setzen und sie naturwissenschaftlich zu hinterfragen. Es gelang ihm auf diese Weise Jules Vernes Mondreise, in der die Akteure mit einer Kanone zum Mond geschossen werden, physikalisch zu widerlegen, in dem er nachwies, dass die Mondreisenden die auf sie einwirkenden Kräfte beim Abschuss der Kanone nicht überlebt haben können. Stattdessen kam Oberth bald zu der Erkenntnis, dass eine solche Reise nur mit einer Rakete zu realisieren wäre.

Nach dem Abitur begann Oberth 1912 mit einem Studium der Medizin und nebenher der Technikwissenschaften, das er jedoch mit Beginn des Ersten Weltkrieges unterbrechen musste. Nach dem Krieg setzte er sein Medizinstudium fort, brach es dann aber ab, um ein Physikstudium zu beginnen. Er studierte in Klausenburg (Siebenbürgen, Rumänien), München, Göttingen und Heidelberg. Dort verfasste er die Dissertation „Die Rakete zu den Planetenräumen", die jedoch abgelehnt wurde – wer sollte dieses Thema auch beurteilen? Daher reichte er seine Arbeit an der TU Klausenburg als Diplomarbeit ein und erlangte 1923 den Diplomgrad. Im selben Jahr veröffentlichte Oberth im Münchner Wissenschaftsverlag Oldenbourg seine Diplomarbeit auf eigene Kosten und erzielte damit internationale Erfolge.

Im Gegensatz zu Goddard, der neben theoretischen Arbeiten auch Versuche und Testflüge durchführte, beschränkte sich Oberth jedoch auf die Theorie. Bereits im Jahr 1917 hatte er eine Flüssigtreibstoff-Rakete, die mit Ethanol und Sauerstoff betrieben werden sollte, entworfen. In seiner Diplomarbeit aus dem Jahr 1923 vervollständigte er seinen Entwurf und beschrieb weitgehend alle wesentlichen Elemente zum Bau von, mit Flüssigtreibstoff angetriebenen, Groß- und Mehrstufenraketen. Oberth arbeitete zwar bis 1938 in Siebenbürgen weiterhin als Gymnasiallehrer; in seiner Freizeit widmete er sich jedoch der Raketentechnik. Im Jahr1929 veröffentlichte der Münchner Oldenbourg-Verlag sein Buch „Wege zur Raumschifffahrt", das lange Zeit als Standardwerk der Raketentechnik galt. In diesem Werk gab er dem Traum von einer Weltraumreise erstmals ein Gesicht, in dem er der Leserschaft Berechnungsformeln und verschiedene Konstruktionsentwürfe an die Hand gab. Im selben Jahr erschien auch Fritz Langs visionärer Film „Frau im Mond", an dem Oberth zusammen mit Rudolf Nebel als wissenschaftlicher Berater mitwirkte. Der Start einer Rakete zur Premiere misslang jedoch.

Am 5. Juli 1927 gründete in Breslau eine Gruppe von Raumfahrtenthusiasten, zu denen auch Hermann Oberth zählte, den Verein für Raumschifffahrt (VfR). Zu dieser Gruppe von Raumfahrtpionieren gehörten Rudolf Nebel sowie Johannes Winkler, Max Valier, Walter Hohmann, Klaus Riedel und der Journalist Willy Ley. Der VfR verlegte seinen Sitz Ende 1929 nach Berlin, wo der Patentanwalt Erich Wurm sein Büro als Geschäftsstelle zur Verfügung stellte. Im Jahr 1930 wurde dann in Berlin auf dem Areal eines ehemaligen Schießplatzes von Rudolf Nebel und Klaus Riedel der erste Raketenflugplatz gegründet, der dem VfR als

Testgelände diente. 1929/30 lernte Oberth den Abiturienten Wernher von Braun kennen, der gerade sein Ingenieur-Studium an der TH Berlin sowie der ETH Zürich begonnen hatte. Während seines Studiums betätigte sich von Braun aktiv im VfR und arbeitet an der Entwicklung sowie an Tests von Raketen-Flüssigkeitstriebwerken mit. Trotz vorzeigbarer Erfolge wurde der VfR im Jahr 1934 durch die nationalsozialistische Reichsregierung zwangsweise aufgelöst. Die zivilen Raketenpioniere sollten damit wohl veranlasst werden, eng mit der Reichswehr zusammen zu arbeiten. Hermann Oberth erhielt dazu 1938 einen Forschungsauftrag an der TU Wien. Auf seine Anregung hin entstand dort 1940 auch ein Raketenversuchsfeld. Von dort wechselte er zu einem anderen Forschungsauftrag an die TH Dresden, bevor er von 1941 - 1943 unter dem Decknamen Fritz Hann in der Heeresversuchsanstalt Peenemünde an der Entwicklung der V2 mitarbeitete. Er galt jedoch als Kritiker dieses Projektes und so gelangte er 1943 nach Reinsdorf bei Wittenberg, wo er bis zum Kriegsende bei der WASAG (Westfälisch-Anhaltische Sprengstoff-Aktien-Gesellschaft) an der Entwicklung einer ferngelenkten Feststoffrakete beteiligt war.

Anerkennung und Würdigung seiner Leistungen in der Raketenentwicklung und Raumfahrtforschung erhielt Oberth erst nach dem Krieg. Jedoch fand danach seine Arbeit zum Großteil im Ausland statt: Schweiz, Italien und USA. Von 1955 bis 1958 brachte er auf Betreiben seines ehemaligen Schülers Wernher von Braun seine Erfahrung in den USA, im Raketen-Entwicklungszentrum in Huntsville in Alabama, ein.

Während seines Ruhestandes befasste sich Oberth besonders mit der Möglichkeit außerirdischen Lebens und dem UFO-Phänomen und äußerte sich auch mehrfach darüber. Oberth starb im Jahr 1989 in Nürnberg. In seiner Wahlheimat, dem fränkischen Feucht, informiert heute das Hermann-Oberth-Raumfahrt-Museum über den Raumfahrtpionier sowie die Raketen- und Raumfahrtentwicklung.

In den 1920er Jahren fand die Raketen- und Raumfahrtforschung weder beim Militär noch in der Wissenschaft nennbares Interesse, was die Forschungen und Entwicklungen dieser Pioniere erheblich erschwerte.

Fritz von Opel mit einem Raketenmotorrad

Fritz von Opel (1899 - 1971) – Industrieller und Teilhaber der Opel-Werke, war Ingenieur, Motorsportler, Rennfahrer und ausgewiesener Technikfreak, und er hatte den finanziellen Rückhalt um sich neuen Technologien zu zuwenden. In ihm fand der deutsch-österreichische Astronom, Schriftsteller und Raketenpionier Max Valier (1895 - 1930) seinen Finanzier. Im Jahr 1927 wurde daraufhin bei Opel mit der Raketenforschung begonnen und zunächst ein Messstand für die Raketenschubkraft entwickelt und gebaut. Fritz von Opel fertigte zusammen mit Valier, sowie dem schlesischen Pyrotechnik-Ingenieur Friedrich Wilhelm Sander, zunächst den „Opel-Sander-Rakwagen 1". Mit diesem Rennwagen mit Feststoffraketenantrieb wurde am 11. April 1928 bei einer Testfahrt auf der Opel-Werksrennbahn die Geschwindigkeit von 138 km/h vom Testfahrer Kurt C. Volkhart erzielt. Nur wenig später, am 23. Mai, wurden mit der Weiterentwicklung, dem „Opel-Sander-Rakwagen 2", 235 km/h erreicht. Diese Testfahrt fand unter den Augen der Öffentlichkeit und der Presse auf der AVUS in Berlin statt.

oben: 23. Mai 1928 Der Start

rechts: 23. Mai 1928 Fritz von Opel kurz vor dem Start mit seinem „Opel-Sander-Rakwagen 2" auf der AVUS (Automobil-Verkehrs- und Übungsstraße) in Berlin

Diesmal wurden 24 Raketen für den Antrieb eingesetzt, die, wie auch zuvor, im Heck des Wagens untergebracht waren und nacheinander elektrisch gezündet wurden. Zudem besaß der Wagen, da er durch den Raketensatz von ca. 100 kg Gewicht vorn zu leicht war, hinter den Vorderrädern Tragflächen mit negativem Anstellwinkel, die den nötigen Anpressdruck an die Fahrbahn erzeugten. Presse, Film- und Wochenschau, sowie viele Zuschauer verfolgten gespannt, wie Fritz von Opel sich in den Raketenwagen setzte und unter Heulen und Pfeifen der Raketen die AVUS entlangjagte, einen riesigen Rauch- und Feuerschweif hinter sich herziehend. Ingenieur Joachim Matthias schrieb über diese Testfahrt: „... Die bei den Opelschen Versuchen entstehende riesige Rauchfahne und meterlange Feuerfahne, ist noch ein Zeichen für die ungenügende Berechnung und schlechte Bauart der Düsen. Trotz allem gehört schon ein großer Schneid dazu, um ein Fahrzeug dieser Art auf dazu nicht geeigneter Straße mit 2 Zentner Pulver im Rücken zu fahren, das in Sekundenschnelle eine Geschwindigkeit von über 200 km/h entwickelt. Das zeigte sich auch bei von Opel, der nach der ganz geringen Fahrzeit völlig nassgeschwitzt vor Aufregung und Anstrengung aus dem Wagen stieg."

Der sensationelle Start des ersten Raketenwagens auf Eisenbahnschienen in Burgwedel b. / Hannover, eine ungeheure Rauchwolke hinterlassend! Der Raketenwagen auf Schienen erreichte eine Stundengeschwindigkeit von 254 km und verbesserte den Weltrekord für Fahrzeuge auf Schienen um 39 km in der Stunde. Foto: Georg Pahl

Am 23. Juni 1928 schraubte der unbemannte RAK 3 den Geschwindig-
keitsrekord für Schienenfahrzeuge auf einer schnurgeraden Eisenbahn-
strecke, der „Hasenbahn" bei Burgwedel, auf 254 km/h. Danach kam es
zu einem Bruch der Zusammenarbeit. Fritz von Opel betrachte die Raketenversuche vorrangig als Werbeaktionen für seine Autos, Valier und
Sander hingegen wollten die Raketenentwicklung in Richtung Raumfahrt voranbringen.

Fritz Stamer (links) und Artur Martens (rechts)
Foto: Fritz Stamer, Zwölf Jahre Wasserkuppe,
Verlag Reimar Hobbing Berlin1933

Von Opel engagierte sich danach noch beim ersten bemannten Raketenflug überhaupt. Am 11. Juni 1928 startete auf der Wasserkuppe bei Fulda die Lippisch-Ente, die mit einer Feststoffrakete aus-gestattet war. Dieses von dem genialen Münchner Konstrukteur Alexander Lippisch (1894 - 1976) entworfene und gebaute Flugzeug in Entenflügel-Bauweise, wurde von Fritz Stamer geflogen, der Lippischs Testpilot war. Diese besondere Kon-struktion, die ohne ein konventionelles Leitwerk am Heck auskam, eignete sich besonders für diese Versuche. Der erste Startversuch scheiterte jedoch. Beim zweiten

Versuch wurde zusätzlich eine zweite Feststoffrakete installiert und
Stamer konnte abheben und etwa 1,5 km weit fliegen. Der Start erfolgte
jedoch, wie für Segelflugzeuge gängige Praxis, mit einem Gummiseil.
Die beiden mit je 4 kg Festbrennstoff befüllten Raketen wurden nach
dem Abheben nacheinander durch einen Schalter im Cockpit elektrisch
gezündet. Sie lieferten dem Raketenflugzeug für jeweils 30 Sekunden
Schub. Ein Gegengewicht unter dem Rumpf glich die Schwerpunktver-

lagerung, die durch das Abbrennen des Brennstoffs entstand, aus. Der Flug dauerte insgesamt nur etwa 80 Sekunden. Es folgte an diesem Tag noch ein dritter Versuch – der Mut des Testpiloten Stamer ist bewundernswert –, bei dem versucht wurde, beide Raketen gleichzeitig zu zünden. Eine der Raketen explodierte jedoch und das Raketenflugzeug geriet in Brand. Mit stoischer Gelassenheit konnte der Testpilot das Fluggerät jedoch aus etwa 20 m Höhe landen, ohne dabei verletzt zu werden; das Flugzeug brannte dennoch vollständig aus. Daher konnte kein weiterer Versuch mit der Lippisch-Ente unternommen werden. Ziel dieser Versuche war es angeblich, ein alternatives Startverfahren für Segelflugzeuge zu entwickeln, was zwar gelungen war, jedoch nie zur weiteren Anwendung kam.

Alexander Lippisch (1894 - 1976)
Foto: Fritz Stamer, Zwölf Jahre Wasserkuppe,
Verlag Reimar Hobbing Berlin1933

Alexander Lippisch hatte seine Konstruktionserfahrungen zunächst im Segelflugsektor gesammelt, wo er sich insbesondere auf die Entwicklung von Flugzeugen ohne Heckleitwerke spezialisiert hatte. Zusammen mit Hans Jacobs entwarf und konstruierte er den Flugzeugtyp – Delta IV der 1935 als Versuchsflugzeug DFS 194 (DFS = Deutsche Forschungsanstalt für Segelflug) seinen ersten Start absolvierte. Auf diesem „schwanzlosen" Konstruktionstyp aufbauend, entwarf Lippisch später ein raketengetriebenes einsitziges Flugzeug mit Deltaflügeln, das als Jagdflugzeug konzipiert war. Es folgte eine Kooperation/Eingliederung des Lippisch-Konstruktionsbüros in die Messerschmitt-Flugzeugwerke, um die Serienreife herbeizuführen. Ab Sommer 1940 wurde Lippischs Konstruktion in der zukünftigen Messerschmitt Me 163 – Bauweise (DFS 194) getestet. Als Antrieb kam das erste entwickelte und fertiggestellte Walter-Raketentriebwerk RI-203a zum Einsatz. Der erfahrene Versuchspilot Heini Dittmar führte in der Erprobungsstelle der Luftwaffe in Peenemünde die erforderlichen

Testflüge durch. Die Flugzeugzelle des Prototyps war jedoch noch nicht für die mögliche Höchstgeschwindigkeit und die daraus resultierenden statischen und mechanischen Belastungen ausgelegt, so dass nur Geschwindigkeiten bis maximal 550 km/h erlaubt waren. Die Erprobungserfolge des Testflugzeugs mit Raketenantrieb veranlassten das Reichsluftfahrtministerium dazu, die Fertigstellung der beiden ersten V-Muster der Me 163 zu erlauben.

Der deutsche Raketenjäger Me 163,der die 1000-km/h-Grenze durchstieß, aber erst in den letzten Kriegsmonaten eingesetzt wurde.
Quelle: Der zweite Weltkrieg in Bildern und Dokumenten,
Band 2 Der Weltkrieg 1941 - 1945, Hans-Adolf Jacobsen, Hans Dollinger; Verlag Kurt Desch München GmbH Wien Basel 1962

Am 8. August 1941 führte erneut Heini Dittmar den ersten Testflug mit einer Me 163, der propagierten Wunderwaffe des Dritten Reiches, erfolgreich durch. Zwischenzeitlich war das Walter-Raketentriebwerk erheblich verstärkt worden. Das Triebwerk verfügte nun über einen Schub von 750 Kilopond; bereits im vierten Flugversuch erreichte Dittmar eine Geschwindigkeit von 840 km/h, einen Monat später wurden sogar 920 km/h erzielt. Am 2. Oktober 1941 wurde eine Geschwindigkeit von 1003,67 km/h erreicht, was einer Mach-Zahl von 0,84 entspricht. Es war

das erste Mal, dass die Geschwindigkeitsgrenze von 1.000 km/h über-
schritten wurde. Dieser Weltrekord wurde erst fast sechs Jahre später,
am 19. Juni 1947, von einer Lockheed P-80R „Shooting Star" mit
1.003,59 km/h eingestellt und am 20. August 1947 von einer Douglas D-
558-1 „Skystreak" mit 1030,82 km/h übertroffen.

Am 15. Januar 1944 fand mit Hauptmann Wolfgang Späte, Kommandant des Erprobungskommandos 16, der erste erfolgreiche Testflug zur
Truppenerprobung statt. Die Maschine war in der Farbe Manfred von
Richthofens knallrot lackiert – es sollte dem Testpiloten bei seinem Erstflug Glück bringen.

Der erste Kampfeinsatz einer Me 163 erfolgte jedoch erst am 16. August 1944 in der Jagdstaffel 400, bei dem zwei Boeing B-17 abgeschossen werden konnten; im September konnten weitere Erfolge verbucht
werden. Insgesamt konnten die Raketenflugzeuge jedoch die hohen
Erwartungen, die in sie gesetzt wurden, in keiner Weise erfüllen. Die
Probleme waren zu vielschichtig, um sie in diesem Buch alle zu behan-
deln. Schildern möchte ich nur den typischen Einsatz der Me 163, aus
dem allein schon vieles selbsterklärend ist: Der Start erfolgte mittels eines zweirädrigen Abwurffahrwerkes; alternativ wurde zum Teil eine
Startrampe genutzt. Das schnellste Flugzeug des Zweiten Weltkrieges
hatte eine enorme Aufstiegsgeschwindigkeit und positionierte sich in der
Regel über dem Angriffsziel. Der Angriff des Ziels (Gegners) erfolgte
dann im Gleitflug; ein Manövrieren, um eine weitere Angriffschance zu
bekommen, war nicht möglich. Nach dem Angriff erfolgte die Landung
im Segelflug auf nur einer Gleitkufe. Ein selbstständiger Rückflug des
Raketenjägers zur Basis war nicht möglich, was große Probleme verursachte. Wie viele von diesen Raketenflugzeugen (Objektschutzjägern)
des Typs Me 163 gebaut wurden, ist nicht vollständig zu belegen; es
sollen weniger als 350 Stück gewesen sein. Es wurde getüftelt, es wurde probiert, es gab eine Vielzahl von verschiedenen Varianten und Typen, der Durchbruch konnte jedoch bis zum Kriegsende nicht erzielt
werden. Obwohl die Me 163 das schnellste Flugzeug des Zweiten Weltkriegs war, blieb sie bei den Jagdpiloten sehr unbeliebt und galt als To-
desfalle. Auf deutschem Boden gibt es noch zwei Me 163, die besichtigt
werden können: eine im Luftwaffenmuseum der Bundeswehr auf dem
Berliner Flugplatz Gatow und eine im Aeronauticum Nordholz bei Bre-
merhaven.

Zurück zum Konstrukteur Lippisch: Nachdem ihm seine Konstruktionen zur Me 163 faktisch aus den Händen genommen worden waren, arbeitete er an der Konzipierung und Konstruktion der Lippisch P.13a. In dieser futuristischen, wegweisenden Konstruktion verwob Lippisch die Elemente des schwanzlosen (leitwerklosen) Flugzeuges mit denen des Deltaflüglers. Mit Unterstützung von Studenten aus Darmstadt und München schuf er einen antriebslosen Gleiter mit den genannten Konstruktionsmerkmalen, der die Bezeichnung DM 1 (Darmstadt-München 1) erhielt.

Nach dem Zweiten Weltkrieg wurde Alexander Lippisch im Rahmen der Operation Overcast von den USA zwangsrekrutiert. Er wurde dort als Berater für das Air Materiel Command eingesetzt. Zwar taucht sein Name auf keinem offiziellen NACA/NASA-Dokument auf, doch hat er mit großer Wahrscheinlichkeit an den Windkanalversuchen mit der DM-1 in Langley mitgewirkt, wie Bill Yenne in seinem Buch „Convair Deltas“ schreibt.

Im Jahr 1950 ging Lippisch zu Rockwell Collins in Cedar Rapids im US-Bundesstaat Iowa, wo er bis 1964 tätig war. Zu Beginn der 1960er Jahre begann er dort als Erster mit erfolgreichen Versuchen an Bodeneffektfahrzeugen. So nennt man ein Fluggerät, das in geringster Höhe über ebene Oberflächen - meist Wasser - fliegt um den Bodeneffekt auszunutzen. Als Bodeneffekt bezeichnet man ein physikalisches Phänomen, das ein umströmter Körper in Bodennähe erfährt. Hierbei kann, je nach Form des umströmten Körpers, zusätzlicher dynamischer Auftrieb oder auch Abtrieb entstehen. Der Prototyp von Alexander Lippisch ging als X-112 in die Technikgeschichte ein. Seine Bodeneffekt-Versuche setzte er bei Rhein-Flugzeugbau in Deutschland ab 1969 fort. Mit seinem Prototyp RFB X-113 absolvierte er 1970 den ersten erfolgreichen Flug eines Bodeneffektfahrzeuges. Alexander Lippisch starb im Jahr 1977. Seine Erkenntnisse und Visionen fließen jedoch bis heute in die Entwicklung derartiger Fluggeräte ein.

Nun kommen wir nochmals auf Max Valier zurück. Nachdem sich Fritz von Opel 1928 von ihm und Sander getrennt hatte, arbeitete Valier weiter auf eigene Rechnung. Er hatte einen neuen Partner gefunden, den Inhaber der Silberhütter Pulvermühle, Hauptmann Meyer-Hellige. Der Sprengstoff-Spezialist aus dem Unterharz hatte mit dem Raketenkonstrukteur Max Valier die Antriebsraketen sowie Schienenfahrzeuge entwickelt und gebaut. Zwischen der Eisfelder Talmühle und Stiege war ein Schienenstrang der Harzer Schmalspurbahn als Teststrecke hergerichtet worden. Am 26. Juli 1928 wurden auf dieser Versuchsstrecke drei Raketenstarts vorgenommen. Die erste und die zweite Testfahrt – jeweils mit zwei Antriebsraketen – verliefen ohne Zwischenfälle. Die Testfahrzeuge, genannt Eisfeld-Valier-RAK 1, erreichten dabei eine amtlich gemessene Geschwindigkeit von 180 km/h. Bei dem dritten Versuch wurde die Antriebsladung dann verdoppelt und es kamen vier Festbrennstoffraketen zum Einsatz. Das Testfahrzeug kam damit auf eine Geschwindigkeit von 210 km/h, jedoch wurde das Fahrzeug, nachdem die dritte und vierte Rakete gezündet worden war, in einer scharfen Kurve aus den Schienen geworfen und vollständig zerstört. Angeblich waren sich Valier sowie Hauptmann Meyer-Hellige bereits vor dem Start darüber im Klaren, dass der Versuchswagen den Belastungen durch vier Raketen nicht standhalten würde. Der Testwagen war sowohl konstruktiv, wie auch von der Masse her (50 kg) ungeeignet. Doch Valier plante sofort einen weiteren Test.

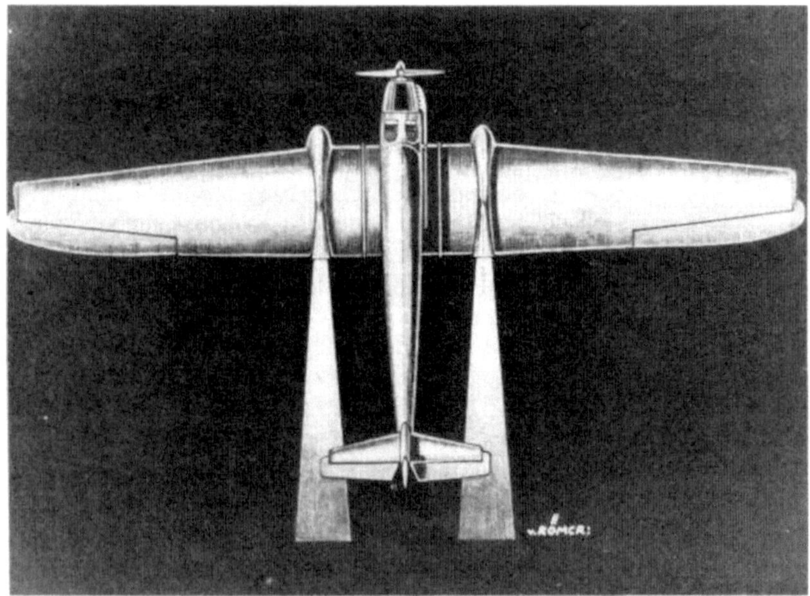

Raketen-Flugzeug von Max Valier,
Zeichnung von Römer

Max Valier im Opel-Sander-RAK-Wagen

Max Valier

Und tatsächlich wurde 9 Wochen später eine zweite Versuchsserie durchgeführt. Diesmal jedoch nicht wieder zwischen Eisfelder Talmühle und Stiege, sondern bei Blankenburg. Im Beisein des Inhabers und Ideengebers der Silberhütter Pulverfabrik I.F. Eisfeld, Hauptmann Meyer-Hellige, seines Mitarbeiters Max Valier und des Generaldirektors der Halberstadt-Blankenburgischen-Eisenbahngesellschaft, Dr. Otto Steinhoff wurden am 3. Oktober 1928 Versuchsfahrten mit dem neuen Eisfeld-Valier-RAK2 durchgeführt. Etwas abseits standen noch unauffällig einige in Jagdanzüge gekleidete Herren, die wie Zivilisten wirkten, es waren jedoch hochrangige Militärs; unter ihnen auch ein General des Heereswaffenamtes. Wie verkündet wurde, sollten die Testfahrten nicht dazu dienen neue Geschwindigkeitsrekorde aufzustellen, sondern die Betriebs- und Funktionstüchtigkeit von Fahrzeug und Antriebsrakete zu testen. Und der Raketentest sollte außerdem die Offiziere von der neuen Technik zu überzeugen. Während die Kameraleute ihre Apparate in Stellung brachten, trat Meyer-Hellige mit seinem Mitarbeiter Max Valier zu der Offiziersgruppe: „Meine Herren", sagte er, „was Sie jetzt gleich sehen werden, ist bis zur Stunde einmalig auf der Welt. Die Raketenreihen dort an dem Schienenfahrzeug sind die Brennstufen. Sie werden nacheinander gezündet und treiben das Gefährt mit einer Geschwindigkeit vorwärts, die Sie für unglaublich halten werden."

Der neue Raketenwagen – nicht mehr aus Holz, sondern aus Leichtmetall – hatte eine Masse von 275 kg. Die erste Testfahrt wurde mit einer Antriebsladung von 25 Raketen durchgeführt und konnte eine Geschwindigkeit von 180 km/h erreichen. Bei der zweiten Versuchsfahrt kam ein Antrieb mit 36 Raketen zum Einsatz und es konnte damit eine Geschwindigkeit von 253 km/h erzielt werden. Jedoch sprangen beim letzten Schub die Wagenräder aus den Schienen, was allerdings keine größeren Schäden verursachte. Die Tests erfüllten dennoch ihren Zweck: Der Raketenantrieb zündete wie vorgesehen – zunächst die schwächeren, dann die stärkeren Ladungen – wodurch der Schub und die Beschleunigung sich verhältnismäßig linear ansteigend entwickeln konnten.

Mit glücklichem Gesicht wandte sich Meyer-Hellige nach Abschluss der Tests an den General vom Heeres-Waffenamt und versuchte in dessen Miene zu lesen. „Nun, habe ich Ihnen zu viel versprochen?", fragte er. Der General erwiderte: „Nein, Sie haben nicht zu viel versprochen. Es war sehr aufregend, sehr bunt und sehr laut. Eine hübsche Darstellung, sehr hübsch."

Die Eisfeld-Rakete: Eine Sensation war 1928 die Test-Fahrt des deutschen Raketen-Schlittens, des schnellsten Gefährtes seiner Zeit. Damals erfand Hauptmann Meyer-Heilige die mehrstufig gezündete Treib-Rakete, wie sie später auch beim „Sputnik" und „Explorer" verwendet wurde. Foto: Archiv Werner Hartmann, Halberstadt

„Aber", stotterte der Erfinder, der über das kühle Benehmen des Generals erschrocken war, „das, was Sie hier eben miterlebt haben, war der Beginn eines neuen Zeitalters – des Raketen-Zeitalters." Der General antwortete: „Möglich, aber nicht wahrscheinlich. Ich bin als Soldat ein nüchterner Mensch. Was glauben Sie, was mir täglich für Erfindungen, die alle sozusagen eine neue Epoche einleiten sollen, angeboten werden? Sie dürfen es mir nicht übelnehmen, dass ich im Laufe der Jahre skeptisch geworden bin." Der General reichte Meyer-Hellige die Hand und verabschiedete sich.

Sicherlich hat in dieser Pionierzeit der Raketenentwicklung ein Schwerpunkt auf der Steuerung chemischer und auch pyrotechnischer Prozesse gelegen, wobei Feststoff- und auch Flüssigkeitsraketen parallel entwickelt wurden.

Für pyrotechnische, also feststoffhaltige Mischungen zum Raketenantrieb war die Pulverfabrik I.F Eisfeld in Silberhütte wohl eine erste Adresse. Entstanden aus dem Bedarf an Sprengmitteln und Sprengtechnologien im Harzer Bergbau, hatte diese Firma viel Erfahrung einzubringen. Ihre Anfänge gehen in die Zeit des im Harz blühenden Bergbaus zurück. Die Pulvermühle in Silberhütte wurde 1789 gegründet. Der herzoglich-anhaltische Hofrat, Schriftsteller und Chronist Friedrich Gottschalck (1772 - 1854) schrieb darüber in seinem 1806 erschienenen „Taschenbuch für Reisende in den Harz" u.a. folgendes: „Die Silberhütte besteht aus dem eigentlichen Hüttengebäude, worin in 4 Schmelzöfen die Erze verschmolzen, die Silber abgetrieben und Hagel oder Schrot gegossen werden und dem Wohngebäude der Offizianten. Auch befinden sich hier eine Münze, ein Schwefelofen und ein Cement-Kupfervitriol-Werk. Nicht weit davon liegt auch eine Pulvermühle."

Bereits 1830 war diese Pulvermühle im Besitz von A.B. Eisfeld aus Harzgerode. Auch das Gut auf der Lange bei Rübeland gehörte von 1816 - 1846 Amtmann Georg Friedrich Conrad Eisfeld. Dieser pachtete 1845 auch die Domäne in Stiege, nachdem zuvor schon Christian Siegfried Eißfeld das Stieger Gut von 1739 - 1758 in Pacht hatte. Sie waren alles Vorfahren des Silberhütter Pulvermühlenbesitzers. Die Pulverfabrik bestand bis 1936, als diese zunächst in die J.F. Eisfeld Pulver- und Pyrotechnischen Fabriken Silberhütte und dann in die Sprengstoffwerke Kieselbach-Kunigunde GmbH in Othfresen überging, einem Rüstungsunternehmen erster Klasse.

Auch alle weiteren Vorschläge, alle neuen Raketen-Pläne, die Hauptmann Meyer-Hellige dem Heeres-Waffenamt vorlegte, wurden nicht beachtet. Sie verschwanden in den Archiven und setzten Staub an. Die ungeheuren Entwicklungsmöglichkeiten des Raketenantriebes wurden damals nicht erkannt. Daran änderten auch Meyer-Helliges Beteiligungen an den ersten Postraketen-Versuchen zu Beginn der 1930er Jahre nichts.

Dennoch überlebte die Raketen-Schienenfahrzeug-Idee von Meyer-Hellige und Valier Jahrzehnte: Es war an einem wolkenverhangenen Februartag des Jahres 1958 auf der US-amerikanischen Raketen-Versuchsstation Edwarsfield in Kalifornien. Vom Kommandostand dröhnte die heisere Stimme des Zeitansagers über die Lautsprecher: „Achtung! X minus 5, X minus 4, X minus 3! Noch 3 Minuten bis X-Zeit!"

Ingenieure und Offiziere starrten wie gebannt auf einen kleinen, silberglänzenden Schienenwagen, auf dem bewegungslos ein angeschnallter Mensch hockte.

Und dann: „Achtung! Zero – Null!" Im gleichen Augenblick schoss am Heck des Überschall-Raketen-Schienenwagens eine orangene Feuerfahne hervor und stieß haushohe Rauchwolken in den Himmel. Von gewaltigen Kräften aus dem Stand vorwärtsgerissen, raste das Fahrzeug über die Schienenstrecke. Das Fahrzeug wurde schneller und schneller, durchbrach mit ohrenbetäubendem Knall die Schallmauer und fegte schließlich mit einer Geschwindigkeit von 1.550 km/h über die Versuchsstrecke. Es war ein neuer Geschwindigkeitsweltrekord und die höchste Geschwindigkeit, der ein Mensch bisher ausgesetzt war. Der Fahrtwind zerfetzte die Kleidung der festgeschnallten Versuchsperson auf dem Raketen-Schienenwagen. Filmkameras nahmen jede Phase von dessen Gesichtsausdruck auf. Durch die gewaltige Geschwindigkeit pressten sich die Augäpfel der Versuchsperson gegen die Lider und machten sie bei vollem Bewusstsein zeitweilig blind. Nach etwa 4 Kilometern kam das Schienenfahrzeug auf einer Wasserbremsstrecke zum Halten. Das 4.120igste Testunternehmen der amerikanischen Luftwaffe mit einem Raketenschlitten war geglückt! Es war eine Testreihe, in der festgestellt werden sollte, welchen Kräften Menschen ausgesetzt werden, wenn man sie mit Raketen in den Weltraum schickt. Niemand von den dort anwesenden Ingenieuren und Offizieren ahnte jedoch, dass ein solcher Raketenschienenwagen bereits 1928 von zwei Deutschen erfunden worden war.

Doch zurück zu Valier: Auch mit dem aus der Region Stuttgart stammenden Piloten und Flugzeugkonstrukteur Gottlob Espenlaub hatte er kooperative Beziehungen aufgenommen. Espenlaub baute nach Valiers

Ideen ein Raketenflugzeug, das auf dem Düsseldorfer Flugplatz Lohausen getestet wurde, dort jedoch abstürzte, woraufhin die Versuche eingestellt wurden. Espenlaub betätigte sich nach diesem Unfall weiterhin als Flugzeugproduzent.

Ende des Jahres 1928 hatte sich Valier nach seiner Konstruktion einen Bob-Schlitten vom Münchner Karosseriefabrikanten Kogel anfertigen lassen. Dieser 6 Meter lange und 0,40 Meter breite Bob bestand aus einer Eschenholzkonstruktion, die mit Blech verkleidet war; die Kufen hatten eine Länge von 2,20 Metern und eine Breite von 15 Zentimetern. Valier soll für den Bob-Schlitten, den er RAK BOB 1 nannte, 600 Reichsmark bezahlt haben. Auch bei diesem Testfahrzeug setzte Valier erneut Harzer Feststoffraketen aus der Eisfeld-Pulverfabrik ein: Es kamen acht 50-mm Pulverraketen, die je eine Schubkraft von 11,8 kN hatten, zum Einsatz. Die Testfahrt mit ihm als Piloten fand am 22. Januar 1929 auf dem Schleißheimer Flugplatz statt und erfüllte nicht Valiers Erwartungen, denn der RAK BOB 1 fuhr nur 130 Meter weit, bei einer Höchstgeschwindigkeit von 110 km/h.

Am 3. Februar 1929 unternahm Valier mit einem leicht modifizierten Raketen-Bob eine erneute Testfahrt; diesmal vor Publikum beim Wintersportfest des Bayerischen Automobil-Clubs auf dem zugefrorenen Eibsee. Aber auch bei diesen Tests blieben die erwarteten Erfolge aus.

Valier hatte jedoch aus diesen beiden Testfahrten Konstruktionsdefizite erkennen können, die er behob, um aus dem Vorgänger den RAK BOB II zu entwickeln. Am 9. Februar 1929 nahm Valier mit dem neuen Raketen-Bob eine erste Testfahrt unter den Augen der Öffentlichkeit vor. Auf einem Eisfest vor dem UNDOSA-Bad auf dem Starnberger See startete er seine Versuche. Zwar war der Bob, der wiederum von Harzer Raketen, dieses Mal von 18 Stück, angetrieben wurde, unbemannt, dafür aber erfolgreicher als die vorherigen Versuche. Der Bob-Schlitten erreichte eine Geschwindigkeit von 400 km/h und stellte damit einen neuen Weltrekord auf. Er kam allerdings von seiner Bahn ab, rammte einen Bootssteg im Eis und wurde schwer beschädigt. Valier hatte mit seinen Versuchen seine finanziellen Möglichkeiten ausgeschöpft und konnte keine weiteren Testfahrten mehr durchführen. Der RAK BOB II blieb jedoch erhalten und kam später, zusammen mit seinem Raketen-Versuchswagen RAK 7, in den Besitz des Deutschen Museums, wo er in der Raumfahrtabteilung zu sehen ist.

Max Valier war umtriebig und hatte durch seine verschiedenen Versuche einen großen Bekanntheitsgrad sowie erhebliches Renommee bekommen. Waren die schienengebundenen Versuche noch durch den Inhaber der Eisfelder Pulverfabrik in Silberhütte finanziert worden, so hatte er sich diesbezüglich bei seinen Raketen-Bob-Versuchen bereits von dessen Finanzierung gelöst und die Experimente auf eigene Kosten betrieben. Nun beendete er diese Zusammenarbeit endgültig.

Max Valier am Steuer seines Raketenwagens Valier RAK 6 auf der AVUS in Berlin ca. Dezember 1929, Rückstoß-Versuchs-Wagen Foto: Georg Phal

Schon im Sommer 1929 hatte Valier neue Partner ausfindig gemacht. Bei Möllers in Essen ließ er einen Raketen-Rückstoß-Versuchswagen bauen, der als RAK 4 bezeichnet wurde. Valier hatte nun einen neuen Weg eingeschlagen, er experimentierte mit Flüssigkeitstriebwerken. Sein RAK 4 wurde mit einem Kohlensäure-Dampfstrahl-Rückstoßtriebwerk ausgestattet. Ab Herbst 1929 wurde dieses Testfahrzeug mehrfach erfolgreich der Öffentlichkeit vorgeführt. Besonders gefördert wurde Valier in dieser Phase durch den Inhaber der Berliner Heylandt-Werke für Industriegasverwertung, Dr. Paul Heylandt. Diese Erfolge veranlassten Dr. Heylandt dazu, Valier in seinem Labor zu beschäftigen, um die

Entwicklungen weiter voran zu treiben. Im Frühjahr 1930 konnte er anlässlich einer erfolgreichen Testfahrt mit dem neukonstruierten Valier-
Heylandt-Rückstoßversuchswagen RAK 7 den Pressevertretern seine
Visionen von einem Stratosphären-Schnellverkehrsflugzeug unterbrei-
ten. Valiers Assistent, der Raketenkonstrukteur Walter Riedel (1902 -
1968), bescheinigte Valier später, dass dessen Experimente mit Flüssigbrennstoffen wegweisend für die weitere Raketenforschung waren.

Am 17. Mai 1930 experimentierte Valier mit Paraffinen der Firma Shell,
wobei es zu einer Explosion kam, bei der er tödliche Verletzungen erlitt.
Max Valier gilt als erstes Todesopfer der Raumfahrt- und Raketenge-
schichte. Später bediente sich die Reichswehr der Erkenntnisse von Valier.

Des Öfteren verwechselt, gab es neben Valiers Assistenten Walter Riedel noch einen anderen, noch bedeutenderen Raketenpionier mit Namen Riedel – Klaus Riedel (1907 - 1944). Dieser zählte neben Rudolf
Nebel zu den Initiatoren der Gründung des Berliner Raketenflugplatzes
im September 1930. Der Wilhelmshavener hatte über den Verein für
Raumschifffahrt Kontakt zu fast allen Raketenpionieren seiner Zeit, mit
einigen war er sogar freundschaftlich verbunden. Riedel stieß als ge-
lernter Maschinenbauer und Feinmechaniker im Jahr 1929 zum Team der Berliner Raketen-
forscher um Oberth und Nebel, als von Wernher von Braun noch keine Rede war. Riedel, der in der Berliner Werkzeugmaschi-
nenfabrik Ludwig Löwe gelernt und gearbeitet hatte, lernte Ne-
bel auf einem Lichtbildervortrag kennen, den dieser anlässlich des Ufa-Films „Mann im Mond" hielt. Als Raumfahrtfanatiker seit frühester Jugend, bot er sich Nebel als Gehilfe an und der erkannte schnell, dass Riedel zu-
künftig eine gewichtige Rolle bei der Umsetzung seiner Visionen spielen könnte.

Klaus Riedel (1907 - 1944)

Im Dreierteam Oberth, Nebel, Riedel kam es bald zu einer gewissen Arbeitsteilung. Dipl.-Ing. Rudolf Nebel galt als Strippenzieher und „Akquisiteur" – wie Oberth in betitelte. Der Physiker Hermann Oberth war der Theoretiker und Klaus Riedel war der Mann für das Praktische.

Allerdings war das Geld mehr als knapp, um weiter forschen und experimentieren zu können. Nachdem der Ufa Film in den Kinos lief und Millionen in die Ufa-Kassen geflossen waren, versiegte jedoch der Geldfluss für Oberth und seine Raketenmannschaft. Der Grund dafür war, dass Oberth die Rakete zum Film nicht zur Uraufführung starten konnte, was zu einem Zerwürfnis zwischen Ufa und Oberth führte. Oberth packte daraufhin seine Sachen und ging zurück nach Siebenbürgen, um seine Lehrertätigkeit wiederaufzunehmen.

Doch Rudolf Nebel – der Strippenzieher – wurde seinem Ruf gerecht. Er konnte Prof. Albert Einstein die Zeichnungen, Berechnungen und Konstruktionsentwürfe seines Teams zeigen und erklären. Der renommierte Wissenschaftler nahm Nebels Darstellungen mit Wohlwollen zur Kenntnis. Einstein erklärte sich bereit, Innenminister Severing die Raketenideen vorzustellen. Nachdem dieses Gespräch stattgefunden hatte, war das Heereswaffenamt bereit, der Forschergruppe für ihre Arbeit 5.000 Reichsmark zur Verfügung zu stellen. Außerdem konnten Nebel und Co. die Chemisch-Technische Reichsanstalt mit ihren Einrichtungen nutzen.

Rückblickend schreibt Nebel zu diesem Zeitabschnitt in seinem Buch „Die Narren von Tegel": „Wir wollten den Beweis dafür bringen, dass flüssiger Sauerstoff zusammen mit Benzin explosionsfrei verbrannt werden konnte. Riedel und ich hatten dafür bereits die Oberth'sche Ufa-Kegeldüse vorbereitet, als Prof. Oberth aus Mediasch kommend in Berlin ankam, um bei der entscheidenden Vorführung am 23.7.1930 dabei zu sein." Die Vorführung vor der Presse war, trotz widrigster Wetterbedingungen, ein voller Erfolg, wie auch der Leiter der Chemisch-technischen Versuchsanstalt, Dr. Ritter, in seinem Gutachten bestätigte. Das Dreierteam unter der Leitung von Oberth hatte sein Etappenziel erreicht, die Anerkennung seiner Kegeldüse und seines Raketen-Antriebs-Konzeptes durch eine staatliche Institution.

Oberth ging aber schon bald nach Rumänien zurück, es gab wohl auch Streit mit Nebel. So mussten Nebel und Riedel ihren Weg in Eigenregie fortsetzen, wobei ihnen Wernher von Braun, Rolf Engel, Paul Ehmayer, Hans Bermüller und andere zur Hand gingen.

Die Berliner Raketenmannschaft konnte und wollte wohl auf ihrem Versuchsgelände nicht weiter experimentieren und suchte daher nach einem anderen ruhigen Ort. Klaus Riedel kam der Gedanke, die Experimente in Bernstadt in der Oberlausitz fortzuführen, wo seine Großmutter Meta Riedel ein Haus mit Grundstück besaß. Sie war Mitinhaberin der Riedel-Ginzelschen Tuchfabrik in der Kleinstadt. Dort, in Bernstadt, führten die Berliner Raketenpioniere im August und September 1930 etwa 140 Brennversuche durch. Finanziell, wie auch versorgungstechnisch, wurden sie dabei von Riedels Großmutter unterstützt. Das dort getestete Versuchsmodell einer Flüssigkeitsrakete wurde Mirak 1 genannt: Sie hatte einen Durchmesser von 10 cm, war 3,5 m lang und hatte eine Startmasse von 20 kg. Doch alle Versuche schlugen fehl und die Experimente mit der Mirak 1 wurden daher eingestellt – wichtige Erkenntnisse waren dennoch gewonnen worden. Auch der erste Start der weiterentwickelten Mirak II scheiterte am 22. Juni 1932 in der Heeresversuchsanstalt Kummersdorf.

Riedel und Nebel gaben dennoch nicht auf und entwickelten gemeinsam, zum Teil auch mit anderen Raketenforschern, weitere Raketenantriebe. Am 10. Mai 1931 konnte Riedel den ersten erfolgreichen Start verbuchen: Seine Flüssigkeitsrakete flog etwa 60 m hoch und 600 m weit. Es war für Riedel letztendlich nicht der erhoffte Rekord, denn er wusste zu diesem Zeitpunkt noch nicht, dass bereits 2 Monate zuvor in Dessau die erste europäische Flüssigkeitsrakete gestartet worden war. Dazu später mehr!

Riedel bekam die Zündtechnologie immer besser unter Kontrolle und setzt seine Entwicklungen fort. Das Ergebnis war die Mirak III., die im August 1931 auf eine Höhe von 1.000 m aufstieg.

Es gab jedoch nicht nur erfreuliche, sondern auch weniger erfreuliche Ereignisse, wie Karl Werner Günzel in seinem Buch „Die fliegenden Flüssigkeitsraketen – Raketenpionier Klaus Riedel" berichtet. So erschien 1931 eines Tages ein Beamter des Berliner Gewerbeaufsichtsamtes auf dem Versuchsgelände und verlangte die Genehmigung zum Umgang mit Sprengstoffen, den sogenannten Sprengstoffschein. Er wurde vertröstet, doch dann geschah das unfassbare. Eine 6 Meter lange Rakete, die gestartet worden war, stieg auf etwa 1.500 m Höhe, senkte sich wieder, jedoch der Bremsfallschirm öffnete nicht. Ungebremst schlug die Rakete in eine etwa 1 km entfernte Polizeikaserne ein. Am nächsten Morgen erschien der Berliner Polizeipräsident Greszinski persönlich auf dem Testgelände, um weitere Versuche im Interesse der allgemeinen Sicherheit zu verbieten. Rudolph Nebel war ein gewiefter Verhandlungspartner und wickelte Greszinski um den Finger, indem er von seinen Raketenabschüssen im 1. Weltkrieg berichtete und dem Polizeipräsidenten einen persönlichen Raketenstart demonstrierte. Greszinski war beeindruckt und Nebel bekam die polizeiliche Genehmigung zur Weiterführung seiner Experimente.

Ab 1933 begannen Staat und Militär sich zunehmend in die Raketenentwicklung einzumischen und diese zu beeinflussen. Es war insbesondere vom Heereswaffenamt erkannt worden, dass man mit diesen Entwicklungen ein Schlupfloch aus den Zwängen des Versailler Vertrages finden konnte – das Reichswehrministerium hingegen hatte zunächst 1932 seine Unterstützung versagt.

1932 war in Berlin die Panterra-Gesellschaft gegründet worden, der zahlreiche namhafte Wissenschaftler, darunter auch Albert Einstein, angehörten; Vorsitzender der Gesellschaft wurde Prof. Kapp, 2. Vorsitzender Rudolph Nebel. Im Arbeitsprogramm der Gesellschaft wurden folgende Forschungsschwerpunkte verankert: Raketenflugtechnik mit dem Ziel, fremde Planeten zu erreichen; Erforschung der Atomenergie für friedliche Zwecke; Entwicklung von Robotern, die den Menschen die Handarbeit abnehmen sollen; Technologien zur Nutzung der Erdwärme, der Windenergie sowie von Ebbe und Flut; Entwicklung künstlicher Erdtrabanten mit Sonnenspiegeln, um das Wetter zu beeinflussen; das Weltkraftwerk Gibraltar nach dem Plan des Münchener Baurats Sergel, der damit Energieprobleme lösen und die Wüste Sahara fruchtbar machen wollte; Technologien zur Erzeugung von kaltem Licht. Weiterhin sollte ein Erfinderzentrum gegründet werden und man wollte sich der Lösung sozialer Fragen zuwenden. Große Aufgaben und hehre Ziele!

Doch mit der Machtergreifung der Nationalsozialisten wurde die Panterra-Gesellschaft als jüdisch durchsetztes Unternehmen verboten; einige Mitglieder kamen später ins KZ. Ebenso wurde der Verein für Raumschifffahrt zwangsweise aufgelöst.

Der weitere zeitliche Ablauf war durch eine Politisierung der Raketenforschung gekennzeichnet. Zwar sollte in Magdeburg im Juni 1933 noch
der erste bemannte Raketenflug überhaupt stattfinden, den der umtrie-
bige Rudolph Nebel noch zu Zeiten der Weimarer Republik mit der
Stadt und Sponsoren vertraglich vereinbart hatte, der jedoch nicht
klappte. Federführend für dieses Magdeburger Raketenprojekt war der
Ingenieur Franz Mengering (1877 - 1957). Dieser war ein Magdeburger
und Bad Harzburger Unternehmer und Sachverständiger, der der sogenannten Hohlwelt-Theorie anhing. Dieses Weltbild, das auf den Amerikaner Cyrus Ray Teed zurückgeht, propagierte, dass die Menschheit in
einer Art Hohlkugel lebt. Der in Magdeburg angesehene Mengering
kannte Rudolf Nebel und versprach sich von dessen Raketenforschungen die Bestätigung seiner Hohlwelt-Theorie, jedoch auch eine ausgezeichnete Möglichkeit Magdeburg in der Welt bekannt zu machen. Somit vermittelte er den Raketenversuchs-Vertrag, an dem er persönlich
finanziell beteiligt war. Nach den gescheiterten Tests versuchte das
Heereswaffenamt mit allen Mitteln die Raketenforschung zu kontrollie-
ren, später auch zu leiten. Zunächst wurden dazu zahlreiche Raketen-
konstruktionen, wie auch Forschungs- und Entwicklungsunterlagen beschlagnahmt; im Juni 1934 wurde zudem der Raketenflugplatz in Berlin-
Reineckendorf zwangsweise geschlossen.

Begonnen hatte diese Politik der Ausschaltung der privaten Raketen-
und Raumfahrtforschung bereits Ende 1932. Der ehrgeizige Wernher
von Braun hatte sich dem Heereswaffenamt angedient, um seine Pläne
umsetzen zu können. Der Führerbefehl „Für das gesamte Gebiet der
Raketenforschung ist das Heereswaffenamt zuständig.", brachte
schließlich die privaten Forschungen vollends zum Erliegen.

Bereits 1933 begann Wernher von Braun, als Angestellter des Heereswaffenamtes, in der Heeresversuchsanstalt Kummersdorf in Bran-
denburg mit seinen weiteren Forschungs- und Entwicklungsarbeiten.
Bald wurde aber erkannt, dass dieser Standort nicht für den Start größe-
rer Raketen geeignet war und es wurde nach einem neuen Standort gesucht. Walter Robert Dornberger (1895 - 1980), der 1932 als Dipl.-
Ingenieur die Entwicklung von Feststoffraketen im Heereswaffenamt
übertragen bekommen hatte, wurde mit dieser Standortsuche beauf-
tragt. Wegen seiner abgeschotteten Lage wurde letztlich Peenemünde
für die neue Heeresversuchsanstalt für Raketenwaffen ausgewählt, deren Leitung Major Dornberger übertragen wurde.

Walter Dornberger (1895 - 1980)

In jener Peenemünde-Aufbau-phase stießen auch Klaus Riedel und Kurt Heinisch zu dieser Raketentruppe und wurden vom Heereswaffenamt angestellt. Rudolf Nebel blieb die Mitwirkung verwehrt. Warum, darüber gibt es verschiedene Spekulationen: Ob es an seiner jüdischen Ehefrau lag, dem mangelnden Willen sich in Befehlsstrukturen integrieren zu lassen, oder ob Wernher von Braun nur einen unliebsamen Konkurrenten in ihm sah, werden wir wohl nicht mehr endgültig ergründen – vielleicht war es von allem ein wenig.

Als der Raketenversuchsplatz in Berlin zwangsaufgelöst wurde, hatte das Heereswaffenamt um Oberst Becker auch alle Projektunterlagen beschlagnahmt. Dennoch kam das Amt nicht umhin, das Patent von Nebel und Riedel für den „Rückstoßmotor für flüssige Treibstoffe", das am 13. Juli 1931 eingereicht und am 16. Juli 1936 erteilt worden war, anzuerkennen. Da jedoch Hitler alle Erfindungen im Raketen- und Raumfahrtsektor zur Geheimhaltung eingestuft hatte, wurden die beiden Patentinhaber gezwungen ihre Rechte zu verkaufen. Das Deutsche Reich zahlte Nebel und Riedel dafür 75.000 Reichsmark. Die beiden Erfinder teilten dann das Geld unter sich auf: Riedel erhielt 25.000 und Nebel 50.000 Reichsmark. Beide gaben davon zusammen 5.000 Reichsmark, die unter ihren Gehilfen Heinisch, Hütter, Bermüller und Ehmeyer aufgeteilt wurden. Obwohl Riedel und Nebel von diesem Zeitpunkt an getrennte Wege gingen, blieben sie dennoch freundschaftlich verbunden.

In Peenemünde wurde ab 1936 mit Hochdruck an der Raketenentwicklung gearbeitet. Ziel war die Wunderwaffe, die im Verlaufe von 1934 bis zum Kriegsende unter den Bezeichnungen Aggregat 1 - 5 (A1 bis A5) geführt wurde. Es war die Typenbezeichnung des Heereswaffenamtes für die Großraketen mit Flüssigkeitstriebwerk. Die Aggregate 1 - 3 waren nur teilweise erfolgreich. Nachfolger von der A3 war Aggregat 5, die 1938 erste erfolgreiche Starts absolvieren konnte. Diese ballistische Boden-Boden-Rakete war die erste, die gelenkte Flüge durchführen konnte. Das Antriebssystem der Aggregat 5, mit Alkohol und Flüssigsauerstoff, wurde von der Aggregat 3 übernommen, jedoch erhielt die Aggregat 5 die aerodynamische Form der geplanten Aggregat 4, für das sie ein Erprobungsträger war; sie erreichte ein Gipfelhöhe von 12 Kilometer.

Rakete V2/A4

Das Nachfolgermodel A4, das Joseph Goebbels als Vergeltungswaffe 2 – V2 – bezeichnete, wurde ab 1939 entwickelt und erstmals im März 1942 getestet. Die A4 war die weltweit erste funktionsfähige Großrakete mit Flüssigkeitsantrieb. Am 3. Oktober 1942 gelang ein erfolgreicher Start, bei dem sie mit einer Spitzengeschwindigkeit von fast Mach 5 (4.824 km/h) eine Gipfelhöhe von 84,5 km erreichte und damit erstmals in den Grenzbereich zum Weltraum eindrang. Am 20. Juni 1944 wurde bei einem Senkrechtstart eine Höhe von 174,6 km erzielt. Die A4 (V2) war federführend von Wernher von Braun, Klaus Riedel, Walter Thiel, Helmut Hölzer, Helmut Gröttrup, Kurt Debus und Arthur Rudolph entwickelt worden. Klaus Riedel war, wie aus zahlreichen Dokumenten und Berichten hervorgeht, wohl eine der bedeutendsten Persönlichkeiten bei der Raketenentwicklung in Peenemünde und kann durchaus als Ziehvater von Wernher von Braun angesehen werden, obwohl von Braun dessen Vorgesetzter war. Klaus Riedel, der große Raketen- und Raumfahrtpionier, kam am 4. August 1944 bei einem Verkehrsunfall ums Leben – einen Monat vor dem ersten Einsatz der A4. Es war ein mysteriöser Autounfall, bei dem Riedel auf Usedom gegen einen Baum raste. Es gilt als erwiesen, dass es ein Mord war, denn der rechte Achsschenkel seines Autos war angesägt worden. Wer jedoch für diesen Mord verantwortlich war, konnte nie nachgewiesen werden.

Nun zurück in das Jahr 1931: Die Ehre, den ersten Start einer europäischen Flüssigkeitsrakete durchgeführt zu haben, wurde nicht Nebel, Oberth oder Riedel zu Teil, diesen Erfolg konnte der aus dem schlesischen Bad Carlsruhe stammende Johannes Winkler (1897 - 1947) in Dessau für sich verbuchen. Winkler, der neben einem Theologiestudium zudem Maschinenbau, Physik, Mathematik und Astronomie studiert hatte, fühlte sich zunehmend zur Raumfahrt hingezogen. Folgerichtig war er auch eines der Gründungsmitglieder des Vereins für Raumschifffahrt und wurde dessen erster Vorsitzender, wodurch er Kontakt zu allen Raumfahrtpionieren jener Zeit hatte. Durch Winklers Veröffentlichungen, insbesondere in der Vereinszeitschrift „Die Rakete", wurde Hugo Junkers auf ihn aufmerksam.

Junkers-Werke in Dessau und Porträt des Begründers der Werke, Prof. Junkers. 1928, Bundesarchiv, Bild 183-R14718 / CC-BY-SA

Junkers, der zu jener Zeit in Dessau erfolgreich Flugzeuge konstruierte und baute, konnte Winkler für seine Entwicklungsabteilung gewinnen. Dort konstruierte er neue Triebwerke und testete Treibstoffe. In seiner

Freizeit beschäftigte sich Winkler mit der Entwicklung einer Rakete, mit der er den Beweis antreten wollte, dass es möglich wäre mit Flüssigtreibstoff eine solche zu starten. Nach einem missglückten Versuch und der Nachbesserung seiner Konstruktion, gelang ihm am 14. März 1931 der erfolgreiche Start seiner Rakete. Diese trug die Bezeichnung Hückel-Winkler 1 (HW1); Hugo A. Hückel war bei diesem Projekt sein Mäzen. Die HW1 flog etwa 60 m hoch und 200 m weit. Nach dem erfolgreichen Start bezeichnete Winkler dieses Ereignis als Geburtsstunde der Flüssigkeitsrakete. Ihm war damals nicht bekannt, dass Robert Goddard bereits 5 Jahre zuvor eine Flüssigkeitsrakete in Auburn (Massachusetts) erfolgreich gestartet hatte – Winkler blieb nur der Ruhm des europäischen Erststarts. Weitere persönliche Erfolge konnte er nicht erzielen und war von 1933 - 1939 erneut bei Junkers in Dessau in der Entwicklungsabteilung tätig. Danach wechselte er in die Luftfahrtforschungsanstalt Hermann Göring (LFA) in Braunschweig; von dort ging Winkler 1941 nach Göttingen an die Aerodynamische Versuchsanstalt (AVA), wo er bis zum Ende des Zweiten Weltkriegs blieb. Nach dem Krieg musste Winkler bis zu seinem Tod 1947 für die Alliierten Berichte über die NS-Raketenforschung verfassen.

Zu Beginn der 1930er Jahre gab es allerdings auch ein paar ganz spe-

rechts: Ing. Friedrich Schmiedl mit seiner Postrakete

zielle Raketenkonstrukteure. Sie hatten sich auf die Fahne geschrieben eine Rakete zu bauen, die in der Lage war schnell Post zu befördern – sie wollten Postraketen bauen. Pionier für diese frühe Raketenversion war der österreichische, in Graz lebenden Forscher, Friedrich Schmiedl (1902 - 1994). Die Idee dafür hatte er bereits 1914, im jugendlichen Alter von 12 Jahren. Die von ihm gebaute Postrakete mit der Bezeichnung V7 soll ferngesteuert gewesen sein, flog eine Strecke von angeblich 5 km, transportierte 102 Briefe und landete mit Hilfe eines Fallschirms. Bis zu einem ersten regulären Flug der Postrakete R1 dauerte es jedoch bis zum 9. September 1931, es war die erste weltweit. Nach der Quellenlage unternahm er ab dem Jahr 1928 außerdem Raketenversuche von Stratosphärenballons aus – sein Ansinnen war Treibstoff zu sparen und somit in größere Höhen vorstoßen zu können. Die von ihm erhofften Erfolge blieben allerdings aus, dennoch erbrachten seine Versuche wichtige neue Erkenntnisse zur Erforschung der Erdatmosphäre. Weiterhin entwickelte und baute Schmiedl Wetterraketen, die meteorologische Daten erfassen konnten und Luftbildaufnahmen lieferten. Mit der Machtübernahme durch die Nationalsozialisten war Raketenforschung verboten und er wandte sich anderen Dingen zu.

Reinhold Tiling (1893 - 1933)

Der Franke Reinhold Tiling (1893 - 1933) war ein Ingenieur, Pilot und auch Raketenpionier – einer der Postraketenszene. Im Ersten Weltkrieg war er Jagdflieger und nach dem Krieg wurde er als Kunstflieger überregional bekannt. In den 1920er Jahren kam bei ihm das Interesse an der Raketentechnik auf. Jedoch verfolgte Tiling schwerpunktmäßig nicht das gleiche Konzept wie die anderen Raketenpioniere, denn er setzte auf wiederverwendbare Raketen. 1928 begann er mit seinen Raketenversuchen und hatte dafür spezielle Raketenflugzeuge entwickelt. Diese starteten als Rakete und beim Landen klappten Tragflächen aus – dieses Prinzip wurde später von der NASA bei ihren Space-Shuttle-Flügen angewandt. Dennoch hielt Tiling bei seinen Forschungen und Entwicklungen an der Feststoffrakete fest. Auf Grund seiner Anfangserfolge stellte ihm Freiherr Gisbert von Ledebur – selbst ein Raumfahrtenthusiast – auf seinem Schloss Arenshorst in Bohmte bei Osnabrück eine Werkstatt zur Verfügung und das Land Oldenburg ein Versuchsfeld auf der Insel Wangerooge. Dort erreichten Raketen, die zur Postbeförderung vorgesehen waren, eine Höhe von 8.000 m und flogen bis zu 8 km weit. Am 15. April 1931 startete er auf dem Ochsenmoor am Dümmer See erfolgreich seine erste Postrakete mit 188 Postkarten. Mit diesem Start wurde Tiling endgültig die Anerkennung entgegengebracht, die er sich verdient hatte; gleichzeitig wurde die Zuverlässigkeit und Leistungsfähigkeit seiner Konstruktion unter Beweis gestellt. Sogar die Reichsmarine begann sich für Tiling und seine Entwicklungen zu interessieren. Doch er konnte seine Erfolge nicht mehr auskosten. Am 10. Oktober 1933 waren Reinhold Tiling, seine Assistentin Angela Buddenböhmer und sein Mechaniker Friedrich Kuhr mit der Vorbereitung einer Vorführung beschäftigt, wobei es zu einer schweren Explosion kam, an deren Folgen alle drei verstarben. Nach Max Valier hatte ein weiterer bedeutender Raketenpionier, und mit ihm zwei weitere Menschen, auf tragische Weise ihr Leben verloren.

Ein dritter Postraketenpionier, allerdings ein fragwürdiger oder auch verkannter, war der aus dem Harz stammende Gerhard Zucker (1908 - 1985). Über die Ausbildung, des in Hasselfelde geborenen Raketenbauers, ist nichts bekannt. Schon als ganz junger Mann wurde Zucker vom Raketenvirus infiziert. Jedoch gingen seine Visionen nicht in Richtung Raumfahrt, sondern setzten sich mit den Problemen der Postbeförderung auseinander. Verbrieft sind erste Raketenversuche im Harz für das Jahr 1931.

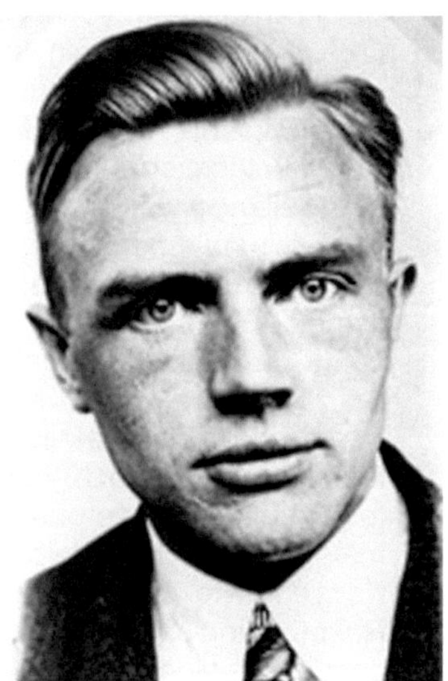

Gerhard Zucker im März 1932
Foto: Archiv W. Hartmann, Hbst

Erste Erfolge mit Versuchsraketen konnte Zucker im April 1933 bei Duhnen in der Nähe von Cuxhaven verbuchen, weitere Starts wurden ihm dort jedoch verboten. Er kehrte daraufhin in den Harz zurück. Dort startete er zwischen Stiege und Hasselfelde am 31.8.1933 die erste lenkbare Postrakete Deutschlands. Sie legte in 12 Sekunden 4.000 m zurück und landete dann etwa 500 m entfernt vom Dorf Stiege. Bei diesem Postraketenflug wurden 430 Poststücke befördert. Zucker hatte für seine Postbeförderung eigene Raketenmarken drucken lassen: 1,00 Mark für die Postkarte und 3,60 Mark für den Brief. Angeblich waren seine Raketen mit Metallblechen beplankt und wiederverwendbar und sie sollen nur mit Feuerwerksraketen als Antrieb bestückt gewesen sein. Zucker wiederholte seine Postraketenstarts am 4. November, am 6. November und am 11. November erfolgreich; insgesamt soll er dabei über 2.000 Postsendungen befördert haben. Er war dem staatlichen Postmonopol wohl ein Dorn im Auge, denn das Herstellen von Postwertzeichen war gesetzwidrig.

Ersttagsbrief zum ersten Zusammentreffen von Ing. Rudolf Nebel und Ing. Gerhard Zucker

Die Rakete am Strand bei Duhnen,
links – H. Kamp, rechts – G. Zucker
Foto: Archiv W. Hartmann, Halberstadt

Am 9. April 1933 erster Abschuss auf dem Duhnen- Watt
Foto: Archiv W. Hartmann, Halberstadt

Am 28. Januar 1934 unternahm Zucker auf dem Hexentanzplatz bei Thale einen weiteren Postraketenstart. Zu diesem Ereignis hatten sich Vertreter der „obersten Staats- und Landesbehörden, sowie Post-, Forst- und Regierungsbehörden angesagt. Während der Durchführung der Startversuche findet eine Rundfunkreportage statt, und die Handlungen selbst werden getonfilmt", wie die Quedlinburger Zeitung vom 29. Januar 1934 berichtete. Weiterhin schrieb sie: „ ...inzwischen wurde die große Rakete in Stellung gebracht, wozu das Eisenhüttenwerk Thale eine besondere Startbahn gebaut hatte. Hierauf ruhte die 720 kg Schubrakete, die 1,50 m lang und 20 cm im Durchmesser war und von einer Duraluminiumhülle umgeben wurde. Zwei Raketen von je 700 mm Länge und gefüllt mit gepresstem Schwarzpulver, gaben dem Geschoss die gewaltige Antriebskraft. Pünktlich 16.30 Uhr bahnte sich dieses Projektil seinen Weg nach der gegenüberliegenden Roßtrappenseite (980 m), einen 100 m langen Feuerstreifen hinter sich lassend. Infolge des dichten Nebels war es leider nicht möglich die Flugrichtung der Rakete zu verfolgen. Nach Angabe des Konstrukteurs hatte die große Rakete eine Abfluggeschwindigkeit von 500 - 600 Stundenkilometern, welche Geschwindigkeit alsdann auf 1.200 - 1.400 Stundenkilometern gesteigert wurde."

Die Postrakete erreichte jedoch ihr Ziel nicht, einige Tage später fanden sie Schuljungen zwischen Felsen im Bodetal und brachten sie zur Polizei. Da Gerhard Zucker in einer Thalenser Gaststätte mehr als 1.000 Raketenbriefe zu 5 Mark das Stück verkauft haben soll, unterstellten ihm die Behörden rein finanzielle Interessen und verboten ihm alle weiteren Versuche. Zucker verließ daraufhin Deutschland und ging nach England. Dort plante er am 31. Juli 1934 eine Postraketen-Vorführung vor hohen britischen Postvertretern, die jedoch fehlschlug. Er wurde aus Großbritannien ausgewiesen und nach Deutschland zurückgeschickt. Später diente Zucker in der Luftwaffe. Nach Kriegsende siedelte er von Hasselfelde in den Westharz über, später zog er nach Düren. Er führte dennoch weiterhin Raketenversuche durch – bis 1964. Am 7. Mai 1964 unternahm er auf dem Hasselkopf bei Braunlage eine Raketenvorführung, bei der es zu einem Unfall kam, der zwei Menschen das Leben kostete. Die Behörden verboten darauf hin alle privaten Raketenversuche. Gerhard Zucker starb am 4. Februar 1985 in Düren.

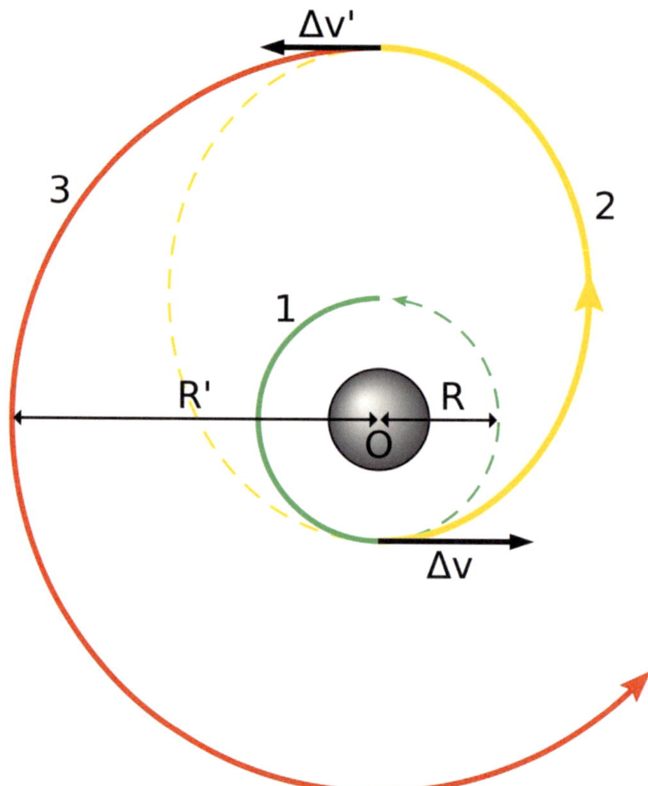

*Hohmann-Transfer: Die Hohmann-Bahn (gelb) verbindet zwei Kreisbah-
nen, z. B. eine erdnahe Bahn (grün) mit dem geostationären Orbit (rot,
nicht maßstäblich). Abb.: Leafnode, Bild von Hubert Bartkowiak*

Es gibt noch weitere Raketenpioniere, deren Wirken jedoch unumstrit-
ten ist. Zu diesen zählte der aus dem Odenwald stammende Walter
Hohmann (1880 - 1945). Der studierte Baustatiker, der zu den Gründern
des Vereins für Raumschifffahrt gezählt wird, beschäftigte sich in seiner
Freizeit mit Fragen der Himmelsmechanik und der Raumfahrt. In dem
Zeitraum von 1911 bis 1915 ermittelte Hohmann, welche Eigenschaften
eine Rakete (Raumschiff) haben muss, um bei geringstem Energieauf-
wand zu anderen Planeten zu gelangen. Bei diesen Forschungen wandte er sich nicht nur der Hinreise zu, sondern betrachtete auch die Erfor-
dernisse und Probleme der Rückreise, insbesondere des Wiedereintritts

Walter Hohmann (1880 - 1945)

Rolf Engel (1912 - 1993)

in die Erdatmosphäre. 1925 veröffentlichte er seine Arbeiten in dem Werk „Die Erreichbarkeit der Himmelskörper". Die darin dargelegten Ideen wurden teilweise später in das Apollo-Programm zur bemannten Mondlandung aufgenommen. Das Werk wurde ins Englische und 1938 ins Russische übersetzt.

Ein weiterer bedeutender Raketenpionier war der Brandenburger Rolf Engel (1912 - 1993). Er studierte in Berlin, Danzig und München Ingenieurwissenschaften. Ab 1930 war er zusammen mit Rudolf Nebel auf dem Berliner Raketenflugplatz aktiv. Jedoch wechselte er schon bald zu Johannes Winkler, bei dem er in Dessau maßgeblich an der ersten europäischen Flüssigkeitsrakete mitarbeitete. Im Dezember 1932 gründete er zusammen mit H. Springer und unter Beteiligung von Hugo Junkers das Raketenforschungsinstitut in Dessau, das aber aufgrund fehlender finanzieller Kapazitäten den Betrieb im August 1933 einstellen musste. Wie die anderen deutschen Raketenpioniere, so war auch Engel Mitglied im Verein für Raumschifffahrt. Als der Verein zunehmend von den Nationalsozialisten und von der Reichswehr instrumentalisiert wurde – auch das 1934 folgende Verbot zeichnete sich wohl schon ab – boten einige Vereinsmitglie-

der der Roten Armee um 1930 ihre Dienste im Rahmen der deutsch-
sowjetischen Militärkooperation an. Rolf Engel erklärte sich bereit, ein
Team aus Raketenentwicklern in die Sowjetunion zu bringen. Die Sowjetunion hatte großes Interesse an diesen Technologien, ob es jedoch
zu diesem Personal- und Technologietransfer kam ist ungewiss.

Bereits am 16. April 1922 wurde im italienischen Rapallo zwischen dem
Deutschen Reich und Sowjetrussland (später UdSSR) der Vertrag von
Rapallo geschlossen. Der Vertragsschluss war überraschend und fand
am Rande der Finanz- und Wirtschaftskonferenz von Genua statt, wo er
von dem Außenminister des Deutschen Reiches Walther Rathenau und
seinem russischen Amtskollegen Georgi Tschitscherin unterzeichnet
wurde. Mit diesem Vertrag normalisierten nicht nur zwei durch den
1. Weltkrieg in Europa geächtete Nationen ihre Beziehungen, sie stärk-
ten sich zudem nicht nur gegenseitig, sondern auch gegenüber der internationalen Politik. Der Vertrag von Rapallo war für beide Vertrags-
partner von großer politischer, wirtschaftlicher und militärischer
Bedeutung. Deutschland fand auf diese Weise einen wichtigen Han-
delspartner, da die ehemaligen westeuropäischen Kriegsgegner weiterhin die deutschen Waren boykottierten. Die Sowjetunion bekam Technologie und Ausrüstungen, um die Ölfelder von Baku zu erschließen.
Beide Nationen konnten sich so von der Abhängigkeit durch die britischen und amerikanischen Ölkartelle lösen, die den Weltmarkt be-
herrschten. Der Vertrag soll, entgegen weit verbreiteter Annahmen, keine geheimen militärischen Zusatzklauseln enthalten haben. Dennoch
fand eine geheime Zusammenarbeit statt, die privatrechtlich geregelt
worden war und bis heute noch teilweise unaufgeklärt ist. Auf diese
Weise konnten die Versailler Verträge umgangen werden und beide
Regierungen konnten zudem nicht kompromittiert werden. Lapidar hieß
es dazu im Artikel 5: dass „sich die deutsche Regierung bereit erklärt,
ihr neuerdings mitgeteilten, von Privatfirmen beabsichtigten Vereinbarungen" in der Sowjetunion zu unterstützen. Militärisch relevante Projekte wurden demnach privatrechtlich begründet und abgewickelt, deren
Finanzierung erfolgte jedoch aus dem Etat des Reichswehrministeri-
ums. Einige Paragrafen des Vertrages von Rappalo waren zudem so
schwammig und unkonkret ausgelegt, dass sie reichlich Raum für Son-
derabsprachen gelassen hätten, was bis heute zu Verschwörungstheorien Anlass gibt, die sich jedoch bisher nicht belegen lassen. Einige militärische Projekte wurden dennoch bekannt: So wurde zum Beispiel eine
Flugzeugfabrik nahe Moskau gebaut, ein Testgelände für Giftgas sowie

das Panzerübungsgebiet und die Panzerschule Kama bei Kasan in der Tatarischen ASSR wurden eingerichtet. Sowjetrussland und später die Sowjetunion erhielten zum Teil moderne deutsche Technologien, die der Reichswehr die Möglichkeit boten, ihre Soldaten an schweren Waffen, die das Deutsche Reich nicht besitzen durfte, auszubilden und diese zu testen. Besonders zu erwähnen sind dabei die deutschen Anstrengungen bezüglich der Entwicklung und des Einsatzes von Funktechnologien, die von der deutschen C. Lorenz AG geliefert wurden. Die Panzerschule Kama wurde nach der Genfer Abrüstungskonferenz sowie der Machtergreifung der Nationalsozialisten im September 1933 in ihrer bisherigen Form aufgelöst. Die dort vom deutschen Militär entwickelte Panzer-Funkkommunikation war im Zweiten Weltkrieg zunächst ausschlaggebend beim Kampf mit zum Teil technisch überlegenen französischen und sowjetischen Panzern, die jedoch auf ineffiziente Flaggenkommunikation angewiesen waren.

Die militärische Zusammenarbeit war eine wichtige Grundlage für den Aufbau der deutschen Luftwaffe, was nach den Regelungen des Versailler Vertrages strikt verboten war. Eine geheime Fliegerschule und Erprobungsstätte der Reichswehr wurde ab 1925 in der Nähe der russischen Stadt Lipezk eingerichtet und bis September 1933 betrieben. Dort wurden etwa 120 deutsche Flieger, 100 Luftbeobachter und zahlreiches Bodenpersonal ausgebildet und in gewissem Umfange in Deutschland neu entwickelte Flugzeugkonstruktionen erprobt. Insgesamt benutzte diese Schule, die russischerseits offiziell als 4. Fliegerabteilung des 40. Geschwaders der Roten Armee bezeichnet wurde, eine Anzahl niederländischer, russischer und auch deutscher Flugzeuge. Zudem wurden drei deutsche Flugzeugwerke in der Sowjetunion gebaut: in Fili bei Moskau, Charkow und Samara – wohl alle mit der Beteiligung der Firma Junkers. Gemeinsame Flugzeugwerke wurden auch in Jaroslawl und Rybinsk errichtet. Im Flugzeugbau wurde zudem der Einsatz von Funkkommunikation weiter vorangetrieben, diese war bei der Luftwaffe bereits seit dem 1. Weltkrieg zum Teil in Anwendung.

Zurück zu Rolf Engel: Er wurde 1933 von den Nationalsozialisten inhaftiert, vermutet wird auf Grund seiner Tätigkeiten für die Rote Armee. Engel konnte sich einer Verurteilung und weiteren Haft entziehen, indem er sich für die SS verpflichtete; er erreichte den Rang eines SS-Hauptsturmführers. Als Angehöriger des SD des Reichsführers SS war er während des Zweiten Weltkrieges in Straßburg stationiert. Danach wurde er an die Heeresversuchsanstalt Peenemünde versetzt. Engel leitete die SS-Raketenforschungsstätte für Düsenantrieb in Großendorf bei Danzig. Er gehörte dem Reichsforschungsrat an. Nach dem Krieg wurde Engel von der französischen Besatzungsmacht in ein Raketenentwicklungszentrum bei Paris verpflichtet. Später arbeitete er unter anderem für ein ägyptisches Raketenprogramm. Rolf Engel starb 1993 in München.

Der studierte Berliner Naturwissenschaftler Willy Ley (1906 - 1969) gehörte ebenfalls zu den Begründern des Berliner Raketenflugplatzes und er war zugleich Mitglied des VfR. Nach seinem Studium arbeitete er als Journalist und Schriftsteller und wandte sich schwerpunktmäßig der Raumfahrt und der Raketentechnik zu. Ley war für die Fachzeitschrift des VfR „Die Rakete" verantwortlicher Redakteur, diese wurde jedoch nach zwei Jahren (1929) aus Geldmangel eingestellt. Bereits 1928 trat er als Herausgeber des Buches „Die Möglichkeiten der Weltraumfahrt" (mit Beiträgen von H. Oberth, Franz von Hoefft, W. Hohmann u.a.) auf, das beim Verlag Hachmeister & Thal in Leipzig herausgegeben wurde.

Willy Ley (1906 - 1969)

Schon 1930 nahm er, über Freunde in den USA, Kontakt mit der Science-Fiction-Szene auf und berichtete u. a. in den Wonder Stories über Aktivitäten der deutschen Raketenbauer. Gleichzeitig schrieb er in deutschen Zeitungen über Science-Fiction der USA; zudem verfasste er eigene Bücher in diesem Genre. 1934 legte das Reichsministerium für Volksaufklärung und Propaganda fest, dass keine Berichte über „Raketentechnik, Raketenautos oder Raketenflugzeuge, auch nicht in Romanform", veröffentlicht werden dürften, was Ley seiner Arbeitsgrundlage beraubte. Daher wanderte er 1935 über Großbritannien in die USA aus und war dort u. a. als wissenschaftlicher Redakteur tätig, später als Ingenieur am Washington Institute of Technology.

Von 1958 an arbeitete er für die NASA und von 1959 bis zu seinem Tod im Jahr 1969 war Ley einer der meistgedruckten Wissenschaftspublizisten in Science-Fiction-Magazinen. Seine Artikel zu naturwissenschaftlichen Themen wie Raumfahrt, Mars, Eiszeit, Meteoriten und Chemie erschienen in vielen wichtigen Magazinen. Willy Ley bot den Lesern die Möglichkeit, die wissenschaftlichen Inhalte der Stories mit dem tatsächlichen Wissen der damaligen Zeit zu vergleichen. Jedoch stellte er auch in vertretbarem Rahmen Spekulationen an, die wiederum die Phantasie anderer Autoren beflügelten.

Herman Potočnik (1892 - 1929)
Foto: Urheber unbekannt

Zu den weiteren aktiven Mitgliedern des VfR zählte der kroatische Offizier und Ingenieur Herman Potočnik (1892 - 1929). Nachdem er nach dem Ersten Weltkrieg von seinem Dienstherrn, dem österreichischen Staat, in den Ruhestand versetzt worden war, nahm er ein Studium der Elektrotechnik und des Maschinenbaus an der Technischen Hochschule Wien auf.

Ab 1925 widmete er sich als Ingenieur ausschließlich der Raketen- und Raumfahrttechnik. Unter dem Pseudonym Hermann Noordung veröffentlichte der chronisch Tuberkulosekranke 1928 sein einziges Buch: „Das Problem der Befahrung des Weltraums – der Raketenmotor". Auf 188 Seiten, und mit 100 Abbildungen, machte Potočnik Vorschläge zur Realisierung von Raumstationen und geostationären Satelliten. Detailliert beschrieb er die aus drei Modulen bestehende Raumstation: das „Wohnrad", das zur Erzeugung künstlicher Schwerkraft permanent rotieren sollte, ein Kraftwerk, das über Parabolspiegel Energie aus der Sonnenstrahlung gewinnen sollte, und ein Observatorium.

Radförmige rotierend Hermann Potočnik Raumstation
Zeichnung: Herman Potočnik, 1929

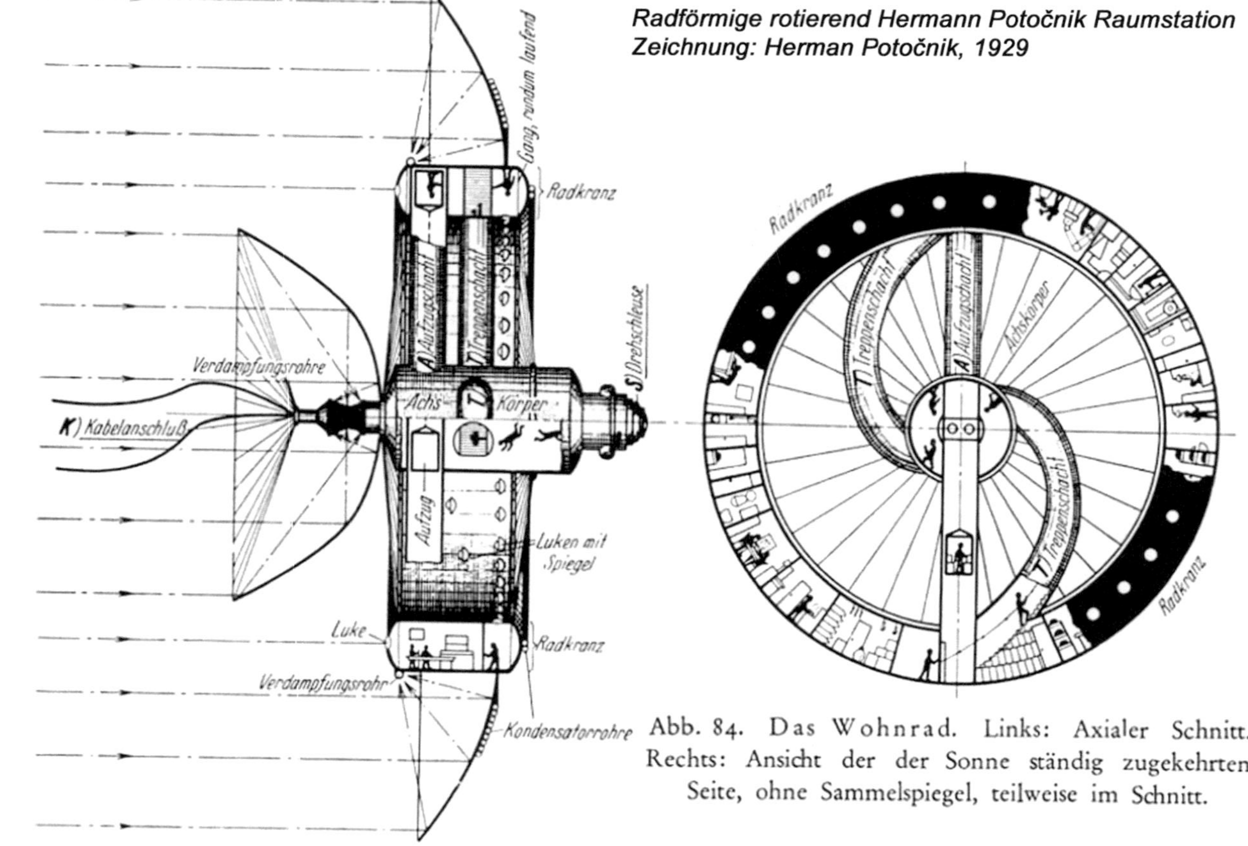

Abb. 84. Das Wohnrad. Links: Axialer Schnitt. Rechts: Ansicht der der Sonne ständig zugekehrten Seite, ohne Sammelspiegel, teilweise im Schnitt.

Die drei Teile sollten über Kabel verbunden sein. Noordungs Idee – so nannte er sich nach seiner Veröffentlichung ausschließlich – eines Satelliten mit Fixposition in etwa 36.000 km Höhe, wurde später in Form der Telekommunikations- und Wettersatelliten, in einer annähernden geosynchronen Umlaufbahn von 42.157 km Höhe verwirklicht. Doch bereits zuvor, um 1928, beschäftigte sich der VfR mit Noordungs Ideen. Im Jahr 1935 wurde das Buch ins Russische und 1999 von der NASA sogar ins Englische übersetzt. 1952 nahm auch Wernher von Braun für ein Konzept einer Raumfahrtstation Anleihen an Noordungs Veröffentlichung. Hermann Noordung starb bereits 1929 völlig verarmt im Alter von 36 Jahren an Lungenentzündung in Wien. Zu Lebzeiten bekam er für seine visionären Raumfahrtkonzepte keine Anerkennung mehr.

Guido Freiherr von Pirquet (1880 - 1966)

Ein weiterer Aktivist der Raumfahrt- und Raketenszene innerhalb des VfR war Guido Freiherr von Pirquet (1880 - 1966). Der studierte Wiener Ingenieur war zugleich 1926 einer der Mitbegründer der Wissenschaftlichen Gesellschaft für Höhenforschung in Wien. Der Dipl.-Ing. machte sich besonders durch seine Flugbahnberechnungen einen Namen: 1928 veröffentlichte er diese für Raumsonden zu Venus, Mars, Jupiter und Saturn. Seine Flugbahn zur Venus wurde 1961 von der ersten sowjetischen interplanetaren Sonde zur Venus genutzt. Ebenfalls 1928 führte Pirquet Berechnungen zur notwendigen Größe der Düse einer bemannten Rakete zum Mars durch. Er kam zu dem Schluss, dass ein Start direkt von der Erdoberfläche einen nicht zu rechtfertigenden Aufwand verursachen würde und daher für eine bemannte Mission zum Mars eine Raumstation in der Erdumlaufbahn als Startbasis nötig wäre.

Noch ein weiterer Österreicher war Mitglied des VfR. Es war der im erzgebirgisch/bömischen Preßnitz geborene Ingenieur Eugen Sänger

Eugen Sänger (1905 - 1964)
Porträt mit Silbervogel auf Briefmarke,
Österreich

(1905 - 1964). Bereits als Jugendlicher las er den utopischen Roman „Auf zwei Planeten" von Kurd Laßwitz und begann sich dadurch für die Raumfahrt zu begeistern. Er studierte an den Technischen Hochschulen in Graz und Wien Ingenieurwissenschaften und begann bereits während seines Studiums mit der Konzeption eines Hyperschall-Raumflugzeuges: Das bedeutet eine mehr als fünffache Schallgeschwindigkeit – woran er bis 1942 arbeitete. Sein erster Dissertationsentwurf mit dem Konzepttitel Raketenflugtechnik wurde an der Technischen Hochschule Wien abgelehnt. Einen überarbeiteten Teil veröffentlichte er 1933 als Buch.

Der Spiegel schrieb in einem Nachruf für Eugen Sänger 1964 folgendes: „Solides Wissen um Raketenantriebe und Molekularphysik, um Werkstoffe und relativistische Raumtheorie konnte ihm freilich niemand absprechen. Es wurde ihm honoriert von Potentaten und Professoren. Die Technische Hochschule Berlin trug ihm den ersten und einzigen deutschen Lehrstuhl für Raumfahrttechnik an. Ägyptens Präsident Nasser lohnte ihm Raketen-Tipps mit 200.000 DM. Deutschlands Raum-Professor, Erster Vorsitzender der Deutschen Gesellschaft für Raketentechnik und Raumfahrt, Träger der Jurij-Gagarin und der Hermann-Oberth-Medaille, hatte das Raketenhandwerk vom Holzschuppenprüfstand aufwärts rechtschaffen erlernt. Als 27jähriger Doktor der Ingenieurwissenschaft experimentierte er an der Technischen Hochschule in Wien erstmals mit Brennkammern für Flüssigkeitsraketen. Im blauen Monteurkittel testete er die Schubkraft feuerspeiender Miniaturbrenner, die er in seiner Manteltasche mit sich herumtragen konnte. In der Studierstube ersann er Raketenantriebe von einer Größenordnung, wie sie die Techniker erst Jahrzehnte später verwirklichen konnten - beim deutschen Raketenjäger Me 163 und bei dem amerikanischen Forschungsflugzeug X-15. Zeit seines Lebens blieb Sänger Katalysator, Theoretiker der Raumfahrttechnik, der durchdachte und durchrechnete, was die Raketenträumer vor ihm als Vision erahnt hatten und was Techniker erst lange nach ihm in funktionierende Maschinen umzusetzen vermochten. Während des Krieges rechnete er in der Heide. Der „Prüfstandhund Tatzli", der Foxterrier Wido, ein Marder, eine Hirschkuh und zwei Störche bevölkerten das Geheim-Domizil, das ihm das Reichsluftfahrtministerium eingerichtet hatte. Auf 376 Druckseiten (Geheime Kommandosache Nr. 4268/L XXX 5) schlug er den NS-Führern einen Stratosphären-Gleitbomber vor, „mit dem im Punktangriff von Mitteleuropa aus sogar ein einzelner Mensch auf der anderen Erdhälfte beschossen werden" könne. Sängers Heide-Plan blieb Papier. Aber ein Jahrzehnt später wurde die Idee des Stratosphärengleiters von amerikanischen Technikern wieder aufgegriffen (Projekt „Dyna Soar"). Er war nie ein Raketenbaumeister wie Wernher von Braun. Er war nie ein Gelehrter wie Hahn oder Heisenberg. Aber er war auch nicht der reine Tor der Raumfahrt, als den professorale Kollegen ihn gerne abqualifizierten – nicht nur wegen seiner utopisch anmutenden Raumflug-Konzeptionen, sondern vor allem ob seiner im Mystischen verankerten Philosophie des Raumfahrens. „Völlig außerhalb jeder Ratio", im Bereich unbestimmter „Sehnsucht nach unseren Brüdern über dem Sternenzelt", suchte Sänger die „seelischen und sachlichen Antriebe der Menschen in Richtung der Raumfahrt". Und die ganze Menschheit, unterteilt in sieben Nützlichkeitsränge, wollte er dieser „unserer tiefsten Sehnsucht" zuordnen: dem Aufbruch zu Sternenfernen. So verworren seine Deutung der Motive anmutet, so klar – und faszinierend – war Sängers Vorschlag, wie dieser Aufbruch zu bewerkstelligen sei. In der schwäbischen Enge seiner altdeutsch möblierten Wohnstatt in Stuttgart-Echterdingen vermochte er in Gedanken „Lichtjahrtausende zu überbrücken".

Mitte der fünfziger Jahre konzipierte er die Photonenrakete, die den Menschen dereinst erlauben könnte, das ganze Universum zu durcheilen. Raum und Zeit würden sich dabei für die Besatzung des Raumschiffes seltsam verschieben: Entsprechend den Formeln der Einsteinschen Relativitätstheorie, so errechnete Sänger, würden „Sternenweiten zu wenigen Reisejahren schrumpfen". Phantastisch wirkte die Idee des Photonenantriebs, sie wurde viel belächelt, aber sie war keine Phantasterei. Spätere Generationen von Technikern werden Sängers Photonenrakete bauen. Des Sternenfahrt-Künders letztes Raumflug-Projekt freilich – ein von europäischen Nationen zu bauender erdumrundender Lastenschlepper – hat weit weniger Aussicht, verwirklicht zu werden.

Sängers letzte Vision – europäisch geeintes Raumfahrtstreben – war, allem Anschein nach, eine Utopie."

So urteilte der Spiegel 1964: Und Sängers Idee eines europäischen Raumfahrtprojektes ist heute bereits lange Zeit Realität.

Hans Ulrich Berkner (1908 - 2004)

Der Königsberger Hans Ulrich Berkner (1908 - 2004) war ein weiteres aktives Mitglied des VfR und zugleich ein Funkspezialist. Als Schüler kam Berkner 1923 mit den Anfängen der Radiotechnik in Kontakt; es entstand eine Leidenschaft, die ihn nicht wieder losließ. Noch im selben Jahr baute er seinen ersten Rundfunkempfänger. Anfang 1924 erwarb er eine offizielle Lizenz zum Empfang von Rundfunksendungen. Berkner gehörte damit zu den ersten 5.000 offiziellen Rundfunkhörern des Deutschen Reichs. Von 1927 - 1933 studierte er Elektrotechnik in Breslau. Das Thema seiner Diplomarbeit hieß: „Die Abhängigkeit der Feldstärke von der Sendeenergie". Nach seinem Studienabschluss 1933 wurde Berkner Assistent von Prof. Büge am Institut für Elektrotechnik der Universität Breslau. In der Verborgenheit wurde dort an Funksystemen gearbeitet, die gemäß der Vereinbarung des Versailler Vertrages für Deutschland verboten waren.

Ab Mitte 1933 begann Dipl.-Ing. Berkner Versuche mit Untererd- und Unterwasserantennen, welche wahrscheinlich zu den ersten Versuchen dieser Art in Europa bzw. der Welt zählten. Auf Grund der strengen Geheimhaltung dieser Versuche und Entwicklungen, entgegen den Vereinbarungen von Versailles, wurde Berkner 1934 als Referendar bei der Deutschen Reichspost eingestellt. Auf diese Weise konnte die geheime, illegale Aufrüstung der Wehrmacht fortgesetzt werden. Berkners Assessor-Arbeit über „Drahtfunk" zur Vermittlung abhörsicherer Funksprüche, wurde als „Anweisung zur Planung und Errichtung von Hochfrequenz-

drahtfunkanlagen" im Nov. 1937 in der Deutschen Reichspost übernommen. In den folgenden Jahren, bis zum Ende des Krieges, wurde
Berkner vom Reichspostministerium als Postrat und Oberpostrat in verschiedenen Positionen in Deutschland, Spanien, Polen und den Niederlanden zum Aufbau von Nachrichtennetzen eingesetzt. 1940, abkommandiert zur Prüfung und Überwachung des Funküberwachungsnetzes
in den Niederlanden, war er in Noordwijkerhout am Knacken der Code
der Alliierten beteiligt und konnte den gesamten Funkverkehr zwischen
Churchill und Roosevelt abhören. Auch war er Vorsitzender des Prü-
fungsausschusses zur Abnahme aller Flugfunker-Prüfungen in Deutschland.

Nach dem Krieg war Dipl.-Ing. Berkner, bis zu seiner Pensionierung
1973, weiterhin in leitenden Positionen der Deutschen Post in den Bereich Nachrichten- und Funknetze tätig. Berkner kann somit zweifellos
als Pionier des Funk- und Fernmeldewesens in Deutschland und Europa angesehen werden.

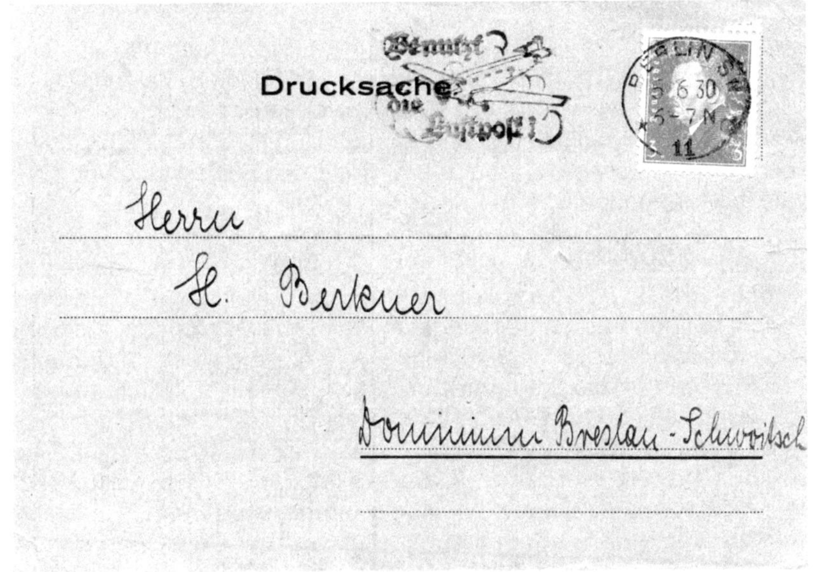

Mitgliedskarte des Vereines für Raumschiffahrt e. V.
von Hans Berkner (Vorderseite), Archiv Friedrich Berkner

Verein für Raumschiffahrt e. V.

Geschäftsstelle Berlin

Berlin SW 11, Bernburger Straße 24-25

Postscheckkonto: Berlin Nr. 27153   Fernsprecher: B 2 Lützow 1808

Mitgliedskarte

Gültig für das Jahr 19**3 0**

Der Vorstand:

Die Mitgliedskarte gilt nur für die Person, auf deren Namen sie ausgestellt ist, und dient als Ausweis bei Veranstaltungen des Vereins für Raumschiffahrt e. V. und berechtigt zu dem kostenlosen Besuch der Vorträge bei Mitgliederversammlungen. Bei Sonderveranstaltungen gelten die jeweilig veröffentlichten Bestimmungen. Adressenänderungen sind sofort der Geschäftsstelle mitzuteilen.

Mitgliedskarte des Vereines für Raumschiffahrt e. V.
von Hans Berkner (Rückseite), Archiv Friedrich Berkner

Außer den Raketenpionieren des Vereins für Raumschifffahrt gab es jedoch noch weitere Personen, die eng mit der Entwicklung von Raketentechnik verbunden waren.

Der Friedensvertrag von Versailles hatte offiziell den Ersten Weltkrieg beendet. „Dieser Vertrag konstatierte die alleinige Verantwortung Deutschlands und seiner Verbündeten für den Ausbruch des Weltkriegs und verpflichtete es zu Gebietsabtretungen, Abrüstung und Reparationszahlungen an die Siegermächte. Nach ultimativer Aufforderung unterzeichneten die Deutschen unter Protest am 28. Juni 1919 im Spiegelsaal von Versailles den Vertrag. Nach der Ratifizierung und dem Austausch der Urkunden trat er am 10. Januar 1920 in Kraft. Wegen seiner hart erscheinenden Bedingungen und der Art seines Zustandekommens wurde der Vertrag von der Mehrheit der Deutschen als illegitim und demütigend empfunden".

Der Versailler Vertrag war von den Siegermächten erzwungen worden: Das traf sowohl auf die Unterschriften der deutschen Verhandlungsdelegation wie auch auf die Ratifizierung durch die Deutsche National-versammlung zu. Die Alternative war ein erneuter Krieg sowie der vorbereitete Einmarsch alliierter Truppen aus westlicher Richtung. Es kann demnach nicht verwundern, dass weite politische Kreise den Friedensvertrag ablehnten und sich nicht an seine Bedingungen gebunden fühlten. Besonders die militärischen Bestimmungen des Vertrages waren hart und ließen für den Aufbau von Streitkräften nur wenig Spielraum. Besonders mit dem zunehmenden Erstarken der NSDAP in den 1920er Jahren sowie mit deren Machtergreifung 1933 wurde zu zahlreichen Varianten gegriffen, um die Versailler Bedingungen auszuhebeln, zu umgehen oder aber im Geheimen an der Aufrüstung des deutschen Militärs zu arbeiten.

Nachdem der Verein für Raumschifffahrt von Breslau nach Berlin verlegt worden war und bald darauf auch der Raketenflugplatz gegründet wurde, bekam dieser des öfteren Besuch von hochrangigen Militärs. Im Frühjahr des Jahres 1930 wurde Dipl.-Ing. Walter Dornberger im ballistischen Referat des Heereswaffenamtes eingestellt. Dornberger und sein Vorgesetzter, Hauptmann von Horstig, erhielten den Auftrag Grundlagen für neue Waffensysteme zu schaffen. Die Aufgabenstellung lautete, im Geheimen leichte und preiswerte Waffen zu entwickeln. Das Projekt war heikel, untersagten die Versailler Verträge es Deutschland doch, neue Waffenarten für die Luftwaffe und das Heer zu entwickeln, die als Angriffswaffen anzusehen waren. Doch Gesetzte und auch Verträge sind nun einmal wie sie sind: Was nicht ausdrücklich verboten ist, ist erlaubt, und an Raketenwaffen hatte man bei der Verfassung des Vertragstextes noch nicht gedacht.

Es war Ende des Jahres 1931, als Oberst Becker, Hauptmann von Horstig und Dipl.-Ing. Walter Dornberger den Berliner Raketenflugplatz besuchten, um sich dort von Rudolf Nebel über den Entwicklungsstand berichten zu lassen. Es folgte die Aufforderung an Nebel, seine Raketenversuche in der „Versuchsstelle West" in Kummersdorf vorzuführen.

Am 22. Juni 1932 fuhren Nebel, Riedel und von Braun nach Kummersdorf und führten ihre Mirak 3 vor. Der Test brachte nur einen Teilerfolg, denn die Rakete hob zwar ab, erreichte jedoch nicht eine geplante Flugroute. Wernher von Braun war dennoch von der Kummersdorfer Versuchsanlage so beeindruckt, dass er sich wenig später von Dornberger anwerben ließ. Nach einiger Zeit folgten Klaus Riedel und Kurt Heinisch.

Zwölf wissenschaftliche Spezialisten; das Peenemünde Team
vor dem Gebäude 4488, Redstone Arsenal in Huntsville, Alabama.
1950 wurde das Team des neuen Raketen-Entwicklungszentrums zum
Redstone Arsenal nach Huntsville (Alabama) verlegt. 1956 eingegliedert
in die neugegründete Armee Ballistic Missile Agency (ABMA) und
1958 angegliedert an die neugegründete US-Raumfahrtbehörde NASA
(National Aeronautic and Space Administration),
George C. Marshall Space Flight Center (MSFC).
(Von links nach rechts) Dr. Ernst Stuhlinger, Direktor, Forschungspro-
jekte Amt; Dr. Helmut Hölzer, Direktor, Computation Laboratory; Karl L.
Heimburg, Regie, Testlabor; Dr. Ernst Geissler, Leiter, Aeroballistics
Laboratory; Erich W. Neubert, Leiter, Systemanalyse Zuverlässigkeit
Laboratory; Dr. Walter Häussermarn, Direktor, Anleitung & Regeltech-
nik; Dr. Wernher von Braun, Leiter, Entwicklung Operationsabteilung;
William A. Mrazek, Leiter, Strukturen & Mechanik Labor; Hans Hüter,
Direktor, System Support Equipment Laboratory; Eberhard Rees, stell-
vertretender Direktor, Entwicklung Operationsabteilung; Dr. Kurt Debus,
Direktor, Missile Firing Laboratory; Hans H. Maus, Direktor, Fertigung
und Montage; Foto Marshall Space Flight Center (MSFC)

Vom Heereswaffenamt wurde mit Hochdruck an der Erweiterung der Versuchsstelle gearbeitet, schon bald stieß auch Dornberger zu dem Entwicklungsteam. Anfang 1933 kam Dr. Kurt Wahmke zu dem Team. Bei Experimenten mit Flüssigbrennstoffen kam es am 16. Juli 1934 zu einer Explosion; Dr. Wahmke und zwei seiner Helfer wurden tödlich verletzt.

Mitte 1934 hatte das Team um von Braun und Dornberger die erste Flüssigkeitsrakete entwickelt. Sie bekam die Bezeichnung A1 (Aggregat 1), absolvierte jedoch nie einen Flug. Intensiv wurde dennoch an der Weiterentwicklung gearbeitet.

Das Nachfolgeaggregat – A2 – war technisch ausgereifter. Es verfügte bereits über einen Stabilisierungskreisel, der zwischen Flüssigbrennstofftank und Sauerstofftank installiert war. Es war den Verantwortlichen jedoch zu gefährlich einen Startversuch in Kummersdorf durchzuführen. Daher entschieden von Braun und Dornberger Ende November 1934 die geplanten beiden Raketenstarts auf der Nordseeinsel Borkum vorzunehmen. Die beiden A2, mit Namen Max und Moritz, absolvierten ihre Flüge erfolgreich und erreichten mit 2.200 und 3.500 Meter neue Höhenrekorde. Mit 1,4 m Länge und einem Durchmesser von 30 cm war das A2 noch ein sehr kleines Raketenexemplar. Mit Hochdruck wurde nun an dem A3 gearbeitet. Diese Flüssigrakete war schon ein ganz ansehnliches Exemplar: Länge 6,74 Meter mit einer geplanten Schubkraft von 1,5 Tonnen. Es wurde jedoch erkannt, dass die Kummersdorfer Versuchsanlage für Raketenstarts dieser Größenordnungen nicht mehr hinreichend war. Die bis zu diesem Zeitpunkt erzielten Erfolge veranlassten sowohl das Heer (Oberbefehlshaber des Heeres Generaloberst von Fritsch) wie auch die Luftwaffe (Major Wolfram von Richthofen, Chef der Entwicklungsabteilung im Reichsluftfahrtmuseum) dazu, Dornberger und von Braun großzügig mit finanziellen Mitteln auszustatten. Es heißt, dass Major von Richthofen Wernher von Braun aufforderte, ein geeignetes Gelände zu suchen. Der Vorschlag, in Peenemünde an der Nordspitze der Insel Usedom die neue Versuchsanstalt zu errichten, soll von Brauns Mutter ins Spiel gebracht worden sein. Dornberger und von Braun waren nach einer Besichtigung des Geländes davon sehr angetan und sie konnten die militärischen Verantwortlichen auch davon überzeugen. Man einigte sich darauf, dass es einen Heeres- und einen Luftwaffenbereich geben sollte, wobei die Gesamtleitung dem Heer übertragen wurde. Bereits Anfang 1936 wurde mit den Bauarbeiten begonnen und im Mai 1937 setzte der Umzug des Personals von Kummersdorf nach Peenemünde ein. Bereits im Dezember fand der erste Start der neuen A3-Rakete auf der kleinen Ostsee-Insel Greifswalder Oie statt, der jedoch nicht den erwarteten Erfolg brachte.

Daher wurde das Projekt A3 aufgegeben, um umgehend mit dem Projekt A5 zu beginnen. Diese Rakete wich maßlich kaum von dem A3 ab. Dennoch hatte das A5 konstruktiv viele Neuerungen aufzuweisen, obwohl auch das Antriebssystem von dem A3 übernommen wurde. Technisch neu, bei diesem Vorgängermodel dem A4, waren insbesondere ausgereiftere Regel- und Steuerelemente sowie eine Drucktreibstoff-Förderung. Dadurch, dass das A5 durch ein Fallschirmsystem immer wieder sicher landen konnte, war es möglich die Bordgeräte zu bergen und die gesammelten Daten auszuwerten, was einen erheblichen Entwicklungsschub bewirkte. Obwohl das A5 noch keine Überschallgeschwindigkeit erreichte, konnte es bis in Höhen von 12 Kilometer vorstoßen.

Im Frühjahr 1939 stattete Adolf Hitler Peenemünde erstmals einen Besuch ab. Er war dort angeblich sehr von den Vorführungen beeindruckt, was ihn jedoch nicht von seiner vorgefassten negativen Meinung zur Raketentechnik abbrachte, die er etwa 10 Jahre zuvor, bei einer Vorführung von Max Valier, gefasst hatte.

In der Heeresversuchsanstalt Peenemünde (HVA) arbeitete inzwischen unter dem Kommandeur Major Walter Dornberger und dem technischen Direktor Dr. Wernher von Braun ein hochqualifiziertes Team von Wissenschaftlern und Ingenieuren: unter ihnen Walter Thiel, Helmut Hölzer, Klaus Riedel, Helmut Gröttrup, Kurt Debus und Arthur Rudolph.

Wenden wir uns nun diesen Fachleuten etwas detaillierter zu: Dr.-Ing. Walter Thiel (1910 - 1943) war, trotz seiner Jugend, einer der Stellvertreter von Wernher von Braun. Thiel, der aus Breslau stammte, war hochbegabt und absolvierte das Abitur und das Dipl.-Ingenieurstudium mit Auszeichnung. 1934 promovierte Thiel an der Humboldt-Universität zu Berlin mit Summa cum laude „Über die Addition von Verbindungen mit stark polarer Kohlenstoff-Halogenbindung an ungesättigte Kohlenwasserstoffe". Unmittelbar danach rekrutierte ihn Dornberger zur Raketengrundlagenforschung nach Kummersdorf. Später übertrug er Thiel die Leitung der Triebwerksentwicklung für das 25-t-Triebwerk. 1940

Walter Thiel (1910 - 1943)

stieß, nun in Peenemünde, Konrad Dannenberg zum Triebwerksteam von Thiel. Dannenberg arbeitete später in den USA weiter an den Triebwerken und war am Bau der Mondrakete Saturn V beteiligt. 1943 sollte Thiel das neue A4-Triebwerk in die Serienproduktion überführen, was er jedoch aus technischen Gründen ablehnte. In der Nacht vom 17. zum 18. August 1943 griff die Royal Air Force in der Operation Hydra Peenemünde an. Thiel wurde dabei zusammen mit seiner Frau, seiner Tochter und seinem Sohn vor ihrem Haus in Karlshagen von Fliegerbomben getötet.

Konrad Dannenberg (1912 - 2009)
Marshall Space Flight Center 1962,
Ausschnitt aus Foto 165513

Konrad Dannenberg (1912 - 2009) war ein Mitarbeiter von Dr. Thiel bei der Triebwerksentwicklung in der HVA Peenemünde. Bei dem aus Weißenfels stammenden Dannenberg wurde durch einen Vortrag von Max Valier das Interesse an der Raumfahrt geweckt. Nach dem Abitur an der Lutherschule Hannover studierte Dannenberg an der TH Hannover Maschinenbau und spezialisierte sich auf Antriebstechnik. Im Jahr 1931 wurde er Mitglied in der Gesellschaft für Raketenforschung, die von Albert Püllenberg in Hannover gegründet worden war. 1932 trat er in die NSDAP ein. Von 1939 - 1940 war Dannenberg Soldat und wurde dann durch Albert Püllenberg zum Triebwerksteam von Walter Thiel an die Heeresversuchsanstalt nach Peenemünde vermittelt. Im Rahmen der Operation Overcast wurde er 1945 zusammen mit Wernher von Braun und 117 anderen Mitarbeitern in die USA verpflichtet. Dannenberg war verantwortlich für die Beschaffung der Raketenmotoren für die Redstone- und Jupiter-Mittelstreckenraketen. 1954 erhielt er die US-amerikanische Staatsbürgerschaft. Bis zu seiner Pensionierung im Jahr 1973 arbeitete er in der NASA eng mit Wernher von Braun zusammen. Sein großer Traum, ein bemannter Raketenflug zum Mars, den er zusammen mit von Braun und anderen Peenemünder Spezialisten hegte, ging jedoch nicht mehr in Erfüllung. Im Februar 2009 starb Dannenberg in Huntsville (Alabama).

Albert Püllenberg (1913 - 1991) aus Ulm war ein Studienkollege von Dannenberg an der TH Hannover sowie Gründer der Gesellschaft für Raketenforschung (GEFRA). Bereits während der Schulzeit begann er 1928 mit der Konstruktion von Raketen. Nach dem Abschluss des Ingenieurstudiums arbeitete er zusammen mit Dannenberg bei der DESCHIMAG (Deutsche Schiff- und Maschinenbau Aktiengesellschaft) und entwickelte Pumpen und Dampfturbinen. A. Püllenberg hatte ebenfalls die Vision einer Postrakete, im Gegensatz zu den anderen, von mir bereits geschilderten Vertretern dieser Idee, besaß er auch das ingenieurtechni-

Albert Püllenberg, ein deutscher Raketenpionier mit einem Modell seine Post-Rakete.

sche Wissen seine Vision auch umzusetzen. Er konstruierte und baute dafür 1933 eine Flüssigkeitsrakete, die Diesel-FT RAK III.

Es hätte vielleicht die erste europäische Flüssigkeitsrakete, oder eine der ersten, gewesen sein können, wenn sie denn geflogen wäre; sie explodierte jedoch beim Startversuch. 1934 gelang ihm der erste Start seiner Postrakete. Ein Jahr später besuchte Major Dornberger vom HWA Püllenberg und die GEFRA mit der Absicht eine Zusammenarbeit herbei zu führen. Ingenieur Püllenberg war dazu aber wohl nicht bereit, was dazu führte, dass die Gestapo weitere Versuche auf dem Raketenflughafen Hannover verbot. Einige Mitarbeiter der Gesellschaft sollen jedoch das Angebot von Dornberger angenommen haben und nach Peenemünde gewechselt sein.

Püllenberg selbst arbeitete im Geheimen weiter und testete 1938 seine VR12 bei Bremen, er bekam jedoch zunehmend Probleme mit den Sicherheitsorganen.

Zermürbt nahm er 1939 eine Position in Peenemünde an und holte im Frühjahr 1940 Dannenberg nach. Püllenberg hatte jedoch eigene Vorstellungen von seiner Arbeit in der HVA: er wollte eine Flakrakete mit Flüssigantrieb bauen. Wernher von Braun lehnte dieses Anliegen zunächst ab. Erst nach dem Beginn der massiven Fliegerangriffe 1942 wurde das Projekt wieder aufgegriffen. Püllenberg konnte nun seine Flakrakete bauen, die mit der Bezeichnung C2 – Wasserfall versehen wurde. 1944 fanden etwa 40 Probeflüge statt. Die 7,85 m lange Flakrakete hatte einen Durchmesser (mit Flügeln) von 2,51 m und sollte der Flak-Unterstützung gegen hochfliegende Ziele bis zu 48 km Entfernung dienen. Der erste erfolgreiche Start fand am 29. Februar 1944 statt. Die Rakete erreichte eine Geschwindigkeit von 2.772 km/h in vertikaler Fluglage und bei 20 km Höhe war der Kraftstoff verbraucht. Bis zum Kriegsende wurden 50 Prototypen gebaut, mit denen Flug- und vor allem Steuerstudien durchgeführt wurden. 40 Probestarts sind dokumentiert. Ende Februar 1945 wurde die Fertigung zugunsten der V2-Rakete eingestellt.

Die Wasserfall-Rakete wurde im Rahmen des Vesuv-Raketenprogramms entwickelt: Dazu zählten zudem die Henschel Hs 117 (Schmetterling) aus der Henschel Flugzeug-Werke AG, die Enzian-Flugabwehrrakete der Oberbayerischen Forschungsanstalt (einer

Zweigstelle der Messerschmitt-Werke), die F 25 (Feuerlilie) Flugabwehrrakete sowie die Rheintochter (zweistufige Flugabwehrrakete) von
Rheinmetall-Borsig. Alle diese Flugabwehrraketen befanden sich ausschließlich in der Erprobung und ihre Entwicklung und Fertigung wurde
im Frühjahr 1945 zu Gunsten der V2 eingestellt und sie erlangten somit
keine Kriegsbedeutung mehr. Die „Wasserfall", wie auch die anderen
Flugabwehrraketen, bekamen erst nach dem Krieg erhebliche Bedeutung, sie waren eine der Grundlagen zur Entwicklung der ersten amerikanischen und sowjetischen Flugabwehrraketen. Nach dem Krieg wollte
Püllenberg nie wieder Raketen zur militärischen Nutzung konstruieren.
Mit Karl Poggensee und Rudolf Nebel nahm er an der International Ast-
ronautical Federation (1950 in Paris und 1951 in London) teil und 1952
begannen sie wieder mit privaten Raketentests bei Cuxhaven.

Karl Poggensee (1909 -
1980) war ein deutscher
Raketentechniker. Zu-
sammen mit Reinhold
Tiling arbeitete er an der
Entwicklung von Rake-
ten mit Feststoffantrieb,
bekam jedoch ab 1934
zunehmend Probleme
mit dem Heereswaffen-
amt. Daher nahm er
schließlich das Angebot
vom HWA an und ging
nach Peenemünde um
an der V2-Entwicklung
mitzuwirken. Im Jahr
1952 gründete er einen
raketentechnischen Ver-
ein, die „Deutsche Agen-
tur für Raumfahrtangele-
genheiten" (DAFRA), die
später in „Deutsche Ra-
ketengesellschaft" und
„Hermann-Oberth-Ge-
sellschaft" umbenannt
wurde.

*Karl Poggensee beim Start einer Rakete
in Berlin 1931*

Dr. Helmut Hölzer (1912 - 1996)
Ausschnitt aus Foto „12 wissen-
schaftl. Spezialisten", Marshall
Space Flight Center (MSFC)

Helmut Hölzer (1912 - 1996) war ein, im thüringischen Bad Liebenstein geborener, Dipl.-Ing. der Elektrotechnik. 1939 legte er seine Diplomprüfung an der Ingenieurschule für Luftfahrttechnik in Darmstadt ab und arbeitete danach für kurze Zeit im Laboratorium für Hochfrequenzforschung der Firma Telefunken in Berlin. Nachdem er Wernher von Braun kennengelernt hatte, wurde er mit Beginn des Zweiten Weltkrieges in der HVA Peenemünde dienstverpflichtet.

Für die A4 hatte von Braun eine Kreisel-Kurssteuerung als Autopilot geplant. Hölzers Aufgabe bestand darin, eine Funk-Fernsteuerung für die Rakete zu entwickeln, um strömungstechnische Einflüsse auf die Flugbahn ausgleichen zu können. Sein Assistent wurde Otto Heinrich Hirschler. Das von Hölzer entwickelte Kurs- und Fernsteuerungssystem erhielt den Tarnnamen „Mischgerät" und kann als die Frühform eines Analogrechners angesehen werden. Das Mischgerät wurde Kriegsbeute der Amerikaner und von diesen weiterentwickelt. 1946 promovierte Hölzer und wurde bald darauf von Wernher von Braun in die USA abgeworben. Bis in die 1950er Jahre arbeitete er im Fort Bliss und anschließend im Redstone Arsenal. Er wurde 1960 Director of Computing am Marshall Space Flight Center, wo er die Fernsteuerung der Mondraketen des Apollo-Programms entwickelte. Dr. Hel-Helmut Hölzer starb 1996 in Huntsville (Alabama).

Hölzers Assistent Otto Heinrich Hirschler (1913 - 2001) war ein Darmstädter Elektroingenieur. Hirschler, der an der TH Darmstadt studiert hatte, stieß in den späten 1930er Jahren zum Team der HVA Peenemünde. Nach dem Krieg ging er zusammen mit der gesamten Mannschaft um Wernher von Braun in die USA. 1970 war er der letzte Deutsche, der am Marshall Space Flight Center der NASA arbeitete. Otto Heinrich Hirschler starb am 2. Februar 2001 in Huntsville (Alabama).

Helmut Gröttrup (1916 - 1981)

Helmut Gröttrup (1916 - 1981) war ein aus Köln stammender Ingenieur, der maßgeblich an der A4-Entwicklung beteiligt war. Gröttrup, der auch Assistent des Technischen Direktors Wernher von Braun war, verantwortete die Entwicklung der Lenk- und Steuerungssysteme des A4. Nach dem Zweiten Weltkrieg sollte er für die Amerikaner arbeiten, er weigerte sich jedoch nach Amerika zu gehen. Auch die Sowjetunion hatte Interesse an dem deutschen Raketenspezialisten und bot ihm an, für sie in der sowjetischen Besatzungszone seine Arbeit fortzusetzen. Gröttrup war der bedeutendste deutsche Raketenexperte, dessen Dienste sich die Sowjets sichern konnten.

Von 1945 bis Ende 1946 arbeitete Gröttrup unter der Leitung des späteren sowjetischen Raumfahrtpioniers Sergei Pawlowitsch Koroljow in Bleicherode bei Nordhausen. Es wurde daran gearbeitet, die Entwicklung der A4-Rakete fortzusetzen, um für die Sowjetunion eine Testrakete für deren Raumfahrtprogramm zu erhalten.

Somit stellte die deutsche Entwicklung des Aggregat 4 – A4 oder V2 genannt – sowohl für die USA als auch für die Sowjetunion die Grundlage für deren Raumfahrt- und Raketenprogramm dar.

Jedoch verstießen diese Raketenentwicklungen in Bleicherode gegen das Potsdamer Abkommen – es handelt sich dabei um ein Rüstungsgut – weswegen die Entwicklungen in die Sowjetunion verlagert wurden. Zusammen mit Gröttrup und weiteren Spezialisten wurden der Strömungstechniker Werner Albring und der Steuerungs- und Messtechniker Heinrich Wilhelmi, alle mit Familie, in die SU deportiert. Nach mehreren erfolgreichen Raketenstartversuchen Ende 1947 wurden die deutschen Spezialisten von ihren Aufgaben entbunden – alle wurden noch bis Ende 1953 in der Sowjetunion festgehalten. Zurück in Deutschland wählte Gröttrup zusammen mit seiner Familie einen Wohnort im Westen Deutschlands.

Beruflich wandte sich Gröttrup nun der Informatik zu und war auf diesem Gebiet sehr erfolgreich. Besondere Popularität und Anerkennung bekam er für die elektronische Chipkarte, für die er das Patent erhielt. Beim Münchner Spezialdruck- und Technologiekonzern Giesecke & Devrient legte er ab 1970 die Basis für die später sehr erfolgreichen Bereiche der Chipkarten- und Banknotenbearbeitungssysteme.

Kurt Heinrich Debus (1908 - 1983)

Ein weiterer Peenemünder Raketenpionier war der Frankfurter Elektroingenieur Kurt Heinrich Debus (1908 - 1983). Er hatte an der TH Darmstadt Elektrotechnik studiert und war Mitglied der SA und ab 1939 auch der SS. 1939 promovierte er im Fach Elektrotechnik an der TH Darmstadt und arbeitete weiter als Wissenschaftlicher Mitarbeiter an der TH. Ab 1939 hatte Wernher von Braun mehrfach versucht, Debus für die Raketenentwicklung in Peenemünde zu gewinnen, jedoch stets ohne Erfolg. Dann wurde Debus vor die Wahl gestellt entweder Soldat zu werden, oder in der HVA mit zu arbeiten. Er entschied sich für Peenemünde, wo er ab August 1943 als Entwicklungsingenieur tätig wurde. Von 1944 bis zum Ende des Krieges war er dort Betriebsleiter des Prüfstands VII.

Prüfstand VII: So wurde die wichtigste Peenemünder Entwicklungs-, Schulungs- und Startrampe für das Aggregat 4 bezeichnet. Diese Anlage, zu der ein Startleitstand sowie eine 32 m hohe Montagehalle gehörten, war von einem elliptischen Erdwall umgegeben, weshalb die Anlage auch „Arena" genannt wurde. Dieser Prüfstand war nicht nur für das A4 geplant worden, er sollte ebenfalls für den Bau und die Erprobung der A9/A10-Raketen dienen und war daher sehr überdimensioniert. Die ge-

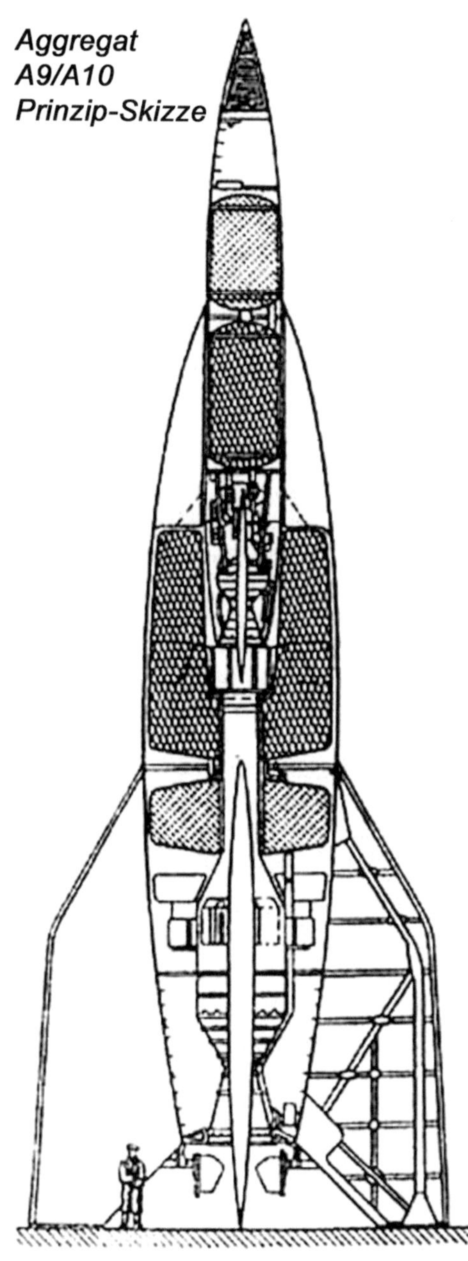

planten Raketen – auch Amerika-Raketen genannt, weil sie Amerika erreichen können sollten – wollte man als zweistufige Interkontinental-Raketen entwickeln. Im Vergleich zum A4 waren diese geplanten A9/A10 von den Maßen her riesig, jedoch konnte das Projekt nicht verwirklicht werden.

Doch zurück zu Debus: Er wurde 1945, zusammen mit einer Gruppe von Ingenieuren und Wissenschaftlern um Wernher von Braun, im Rahmen der Operation Paperclip, in die USA zwangsverpflichtet. Bis 1950 arbeitete die Gruppe in Fort Bliss (Texas) und zog dann auf das Redstone Arsenal in Huntsville (Alabama). Kurt H. Debus wurde 1962 Direktor des Start Operation Centers und schließlich Direktor des John F. Kennedy Space Centers. Er war verantwortlich für die Starts des Apollo-Programms, einschließlich der sechs Mondlandungen (Apollo 11 bis Apollo 17). Unter seiner Leitung erfolgten u. a. die folgenden erfolgreichen Raumfahrt-Missionen:

1961: Alan Shepard, erster Amerikaner im Weltall

1962: John Glenn, umrundet als erster Amerikaner die Erde

1969: Neil Armstrong als erster Mensch auf dem Mond

1973: Start des Weltraumlabors Skylab

Dr.-Ing. Kurt Heinrich Debus starb am 10. Oktober 1983 in Cocoa Beach, Florida.

Zahlreiche weitere ausgezeichnete Wissenschaftler und Ingenieure arbeiteten in der HVA Peenemünde. Ihr Schaffen hier aufzuzeigen und ihre Leistungen zu würdigen, würde meinen Bogen überspannen.

Deutsches Raketenteam in Fort Bliss, Texas, USA, August 1946;
A. Rudolph steht in der ersten Reihe, vierter von links.
Quelle: US-amerikanischen National Aeronautics and Space Administration (NASA), Datei-ID NIX MSFC-8915531

Abschließend zu den bedeutenden Peenemünder Raketenentwicklern möchte ich nur noch Arthur Louis Hugo Rudolph (1906 - 1996) vorstellen. Der aus dem thüringischen Stepfershausen stammende Rudolph studierte nach einer Werkzeugmacherausbildung an der TU Berlin Maschinenbau. Nach seinem Studienabschluss als Dipl.-Ing. lernte er in Berlin zunächst Max Valier kennen. Dieser überzeugte Rudolph, mit ihm und Walter Riedel zusammen an seinen Raketenprojekten zu arbeiten. Die Zusammenarbeit zwischen Valier und Rudolph dauerte jedoch nur einen einzigen Tag, dann verunglückte Valier bei Treibstoffexperimenten tödlich. Rudolph arbeitete weiter mit Riedel zusammen, sowie mit Walter Pietsch, und verbesserte Valiers Triebwerkskonstruktion.

Rudolph und Riedel trafen später mit Walter Dornberger zusammen und führten ihm ihr weiterentwickeltes Raketentriebwerk vor. Dornberger war davon beeindruckt und überzeugte die beiden Entwickler für das Heereswaffenamt in Kummersdorf, und später in Peenemünde, zu arbeiten. Im Frühjahr 1938 übertrug Dornberger Riedel die Verantwortung für die Planung der neuen A4-Entwicklungsstätten, die in Peenemünde errichtet werden sollten.

Nachdem in der Operation Hydra britische Bomberverbände erstmals im August 1943 versuchten die HVA Peenemünde zu zerstören, wurde begonnen die Produktions- und Testanlagen für das A4 auszulagern. Die bereits vorhandene Stollenanlage Kohnstein bei Nordhausen wurde als neuer Standort festgelegt. Tausende Häftlinge des KZ Mittelbau-Dora bauten von Januar 1944 bis zum Kriegsende 1945 das sogenannte Mittelwerk, den größten unter Tage gelegenen Rüstungsbetrieb des Zweiten Weltkrieges.

Geheimprojekt Mittelbau: Überliefert ist die Weissagung eines mittelalterlichen Mönchs, der zufolge das Schicksal unseres Landes einmal an den weißen Bergen des Kohnsteins entschieden werde. Und diese Weissagung hat einen wahren Kern offenbart. Zwar ist bisher das Schicksal unseres Landes nicht am Kohnstein entschieden worden, aber er hat indirekt die Welt verändert. Das Nationalsozialistische Regime wollte im Kohnsteinmassiv bei Niedersachswerfen im Südharz, in einer riesigen unterirdischen Fabrik, die V-Waffen als kriegsentscheidende Waffe bauen. Dazu ist es glücklicherweise nur noch zu einem geringen Teil gekommen. Die Siegermächte USA und Sowjetunion haben sich jedoch die Hinterlassenschaften der deutschen Rüstungsindustrie und deren Forschungen und Entwicklungen als Kriegsbeute bemächtigt. Sie haben den technologischen Vorsprung für den Bau von Strahlflugzeugen und Strahlraketen in ihre Länder transferiert und die Spezialisten wurden auch gleich mitgenommen. Diese Technologien wurden weiterentwickelt und haben damit bis heute das militärische Gleichgewicht in der Welt zu ihren Gunsten verändert. Auch die Ursprungstechnologien der Raumfahrt dieser beiden Länder basierten auf dem Know-how von Kohnstein und Peenemünde.

Aber zurück zu den Anfängen. Geologisch besteht das Kohnsteinmassiv aus bis zu 400 m mächtigem Anhydrit, umgeben von einer Gipsschicht und oben abgeschlossen mit einer Dolomitschicht. Diese geologische Konstellation führte dazu, dass sich ab 1870 dort eine Gipsindustrie zu entwickeln begann. Mit der Synthese von Ammoniak, durch ein Verfahren von Prof. Fritz Haber, erlangte der Industriestandort Niedersachswerfen überregionale Bedeutung. Die Badische Anilin- und Sodafabrik (BASF) siedelte sich an und die Stickstoff-Düngemittelindustrie nahm enormen Aufschwung. Dann begann der 1. Weltkrieg, Ammoniak wurde verstärkt nachgefragt, es wurde zur Herstellung von Sprengstoff benötigt. 1925 wurde das Werk am Kohnstein ein Tochterunternehmen der I.G.Farben AG.

1935 begann am Kohnstein eine neue Epoche. Im Auftrag des Amtes für Kriegswirtschaft wurde ein gewaltiges Tunnel- und Stollensystem mit einer Länge von 1.800 m in den Berg getrieben. Dieser Tunnel war verzweigt mit 50 Stollen zu je 150 - 200 m Länge. Diese unterirdischen, bombensicheren Räumlichkeiten sollten zur strategischen Lagerung von Rohstoffreserven wie Öl und Treibstoff dienen. 1937 wurde der erste Teilabschnitt in Betrieb genommen, wozu riesige 80 m lange Tanks installiert worden waren. Fertig wurde das Treibstofflager jedoch nie. Denn es begann der 2. Weltkrieg und Hitler trieb in der Versuchsanstalt Peenemünde seine Raketenforschung voran. Doch die HVA Peenemünde war ständigen Luftangriffen der Alliierten ausgesetzt. Die Entwicklung und Fertigung der Geheimwaffen musste an einen sicheren Standort verlagert werden. Die strategische Auswahl fiel auf den Kohnstein. Hitlers Befehl, den Kohnstein als „Geheimprojekt Mittelbau" zur V-Waffen-Fabrik umzurüsten, wurde mit aller Konsequenz und allen verfügbaren Ressourcen umgesetzt. Die benötigten personellen Kapazitäten kamen ab August 1943 aus dem KZ Buchenwald und waren Häftlinge aus aller Herren Länder. Schon im Mai 1944 war der Umbau des Kohnsteins weitgehend abgeschlossen worden. 42 Fertigungshallen mit ca.10 Hektar Fläche waren für den Bau der intern A4 genannten Raketen vorbereitet. Unter unmenschlichen Bedingungen hatten die eingesetzten KZ-Häftlinge gearbeitet und das weltgrößte (bekannte) unterirdische Rüstungswerk errichtet. Viele der Häftlinge zahlten bei diesem Projekt mit ihrem Leben; wie viele es waren, kann auch heute nur geschätzt werden. Mit der Fertigstellung der unterirdischen Produktionshallen im Kohnstein war auch das Arbeitslager „Dora" bei Niedersachswerfen fertig gestellt worden. „Dora" war eine Außenstelle des KZ

Buchenwald, die dort untergebrachten Häftlinge hatten aber vergleichsweise gute Lebensbedingungen. Schließlich sollten diese ausgewählten Arbeiter qualitativ hochwertige Arbeit leisten. Aber Hitlers Konzept ging nicht auf, denn Qualität wurde nur sehr begrenzt abgeliefert. Etwa ein Drittel der hergestellten A4 sollen nicht funktionstüchtig gewesen sein. Von Sabotage war die Rede, was nicht verwunderlich erscheint, war doch abzusehen, dass diese von ausländischen Zwangsarbeitern hergestellten Waffen gegen die eigene Heimat eingesetzt werden sollten.

Schon kurze Zeit später änderten die Nationalsozialisten das Konzept für den Kohnstein. Es wurden dringend unterirdische Fabrikanlagen für den Flugzeugbau sowie für die neue Superwaffe V1 benötigt. Also drosselte man die A4 (V2)-Fertigung im Kohnstein und nutzte die freigewordene Produktionskapazität zur Fertigung von Flugzeugmotoren sowie der V1, zu der ich noch Ausführungen machen werde. Gleichzeitig wurde am Kohnstein ein weiteres unterirdisches Werk geplant. Die Junkers-Werke sollten auf einer Fläche von 600.000 qm Flugzeuge bauen. Doch daraus wurde nichts mehr.

Die Produktion von V-Waffen nahm weiter ihren Lauf, Fehler und Mängel traten auf und wurden behoben, wer bei der Sabotage erwischt wurde, dem drohte die umgehende Hinrichtung. Chefkonstrukteur Wernher von Braun besuchte 1944 den Kohnstein, um sein Wissen und seine Erfahrungen einzubringen, sein Bruder Magnus war dort bereits als einer der „Betriebsleiter" tätig. Und dann, am 6. September 1944, startete die erste Rakete nach London und Antwerpen. Diese Marschflugkörper waren zwar in ihrer militärischen Wirkung zu vernachlässigen, ihre psychologische Wirkung war jedoch umso größer. Besonders die A4 (V2), die Überschallgeschwindigkeit erreichte, war weder abzufangen noch zu orten. Die urplötzlichen Einschläge, ohne vorherigen Flugalarm, lösten Panik aus. Insgesamt wurden etwa 3.200 Raketen eingesetzt, von denen allein 1.358 Stück auf die grausame Reise nach London geschickt wurden.

Obwohl die Wehrmacht im Kohnstein Prioritäten gesetzt hatte, sollte die A4-Produktion zukünftig gesteigert werden. Als Standort dafür war Halberstadt auserkoren worden. Dort entstand in jener Zeit ein Konzentrationslager. Am 21. April 1944 kamen die ersten KZ-Häftlinge aus dem KZ Buchenwald in die neue Außenstelle nach Halberstadt. In einer Senke, drei Kilometer entfernt von Langenstein, begrenzt vom Hasselholz, den Zwiebergen und den Tönnigsbergen, begann der Aufbau des Lagers Langenstein-Zwieberge. Das Lager wurde zur Unterbringung von Häftlingen angelegt, die ein Stollensystem zur Produktion von Rüstungsgütern in die nahen Thekenberge treiben sollten. Innerhalb von 10 Monaten schufen ca. 6.000 Häftlinge ein Stollensystem von etwa 13 km Länge mit einer Gesamtfläche von ca. 67.000 qm. Das wurde dann für die Produktion ausgebaut und eingerichtet. Das Kommando „Junkers" sollte in den letzten Kriegsmonaten mit seiner Produktionstätigkeit als Zulieferer im Rahmen des „Jäger- und A4-Programms" beginnen. Ob komplette A4 produziert werden sollten, ist bis heute nicht geklärt. Obwohl Maschinen und Ausrüstungen installiert waren, kam es nie zu einem Produktionsanlauf.

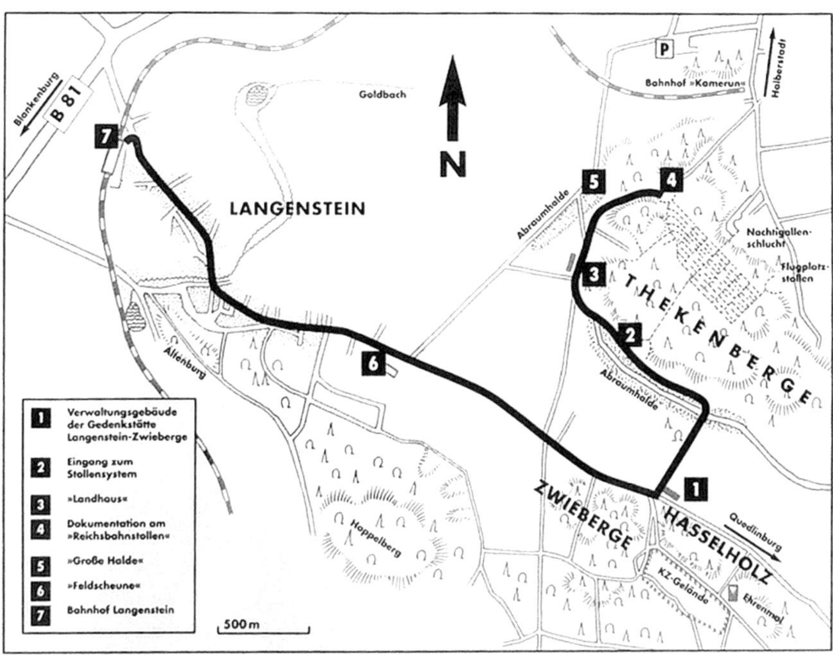

KZ Langenstein Zwieberge, Foto: Bernd Sternal 2015

All dies half den Nationalsozialisten nichts. Die Sowjetarmee hatte die deutschen Truppen im Osten geschlagen und erreichte bei ihrem Vormarsch mit Beginn des Jahres 1945 die östliche Grenzen Deutschlands. Die deutsche Heeresführung musste schnellstmöglich die östlichen

Rüstungsfabriken und Heeresstäbe verlagern. So trafen in der Harzregion innerhalb weniger Wochen gewaltige Personal- und Materialtransporte ein. Unter anderem wurden die kompletten Elektromechanischen Werke GmbH, Karlshagen – eine Tarnbezeichnung für die V-Waffenwerke der HVA Peenemünde – nach Bleicherode in die Kaliwerke verlagert. Anfang März zog noch Reichsminister Albert Speers Staatssekretär Karl-Otto Saur mit viel Pomp in den Kohnstein ein, aber schon einen Monat später setzte er sich, so wie viele weitere leitende Angestellte und Spezialisten, in die Alpen ab. Unter ihnen war auch der geniale Vordenker Wernher von Braun.

KZ Langenstein Zwieberge, Foto: Bernd Sternal 2015

Der Krieg war verloren! Die Sowjetsoldaten rückten von Osten auf Mitteldeutschland vor und die Alliierten-Truppen von Westen. Angesichts dessen begannen die Nationalsozialisten den Kohnstein und die anderen unterirdischen Harzer Rüstungsfabriken und die zugehörigen Lager zu räumen. 40.000 KZ-Häftlinge mussten evakuiert werden, ein Unterfangen, das nicht mehr geheim gehalten werden konnte. Über 1.000 KZ-Häftlinge kamen bei einem alliierten Luftangriff in Nordhausen ums Leben. Die anderen wurden in riesigen Elendszügen nach Westen getrieben, unter anderem nach Bergen-Belsen in die niedersächsische Heide.

Dazu berichtet Zeitzeuge Dr. Dietrich Wilde, in seinen Aufzeichnungen „In jenen Jahren": „Am Spätnachmittag dieser Tage (14. - 15. April 1945) bewegte sich ein endloser Zug vom Harz (aus Richtung Friedrichsbrunn) herunter durch unser Dorf (Bad Suderode). Schleppenden und taumelnden Schrittes zogen abgemagerte Elendsgestalten, von älteren, oft verwundeten Soldaten bewacht, die Straßen entlang. Von der Bevölkerung ließ sich niemand blicken, nur verstohlene Blicke aus Seitenstraßen und hinter Gardinen hervor galten den wandelnden Skeletten, die eigentlich gestreifte Jacken und Hosen trugen, die wie Pyjamas aussahen. Es waren KZ-Häftlinge, die von den unterirdischen Fabrikationsanlagen der V-Waffen bei Ilfeld im Südharz nach Bergen-Belsen getrieben wurden. Dergleichen hatte man noch nie gesehen, nur aus dunklen, hinter vorgehaltener Hand weitergegebenen Gerüchten hatten die Menschen von den Zuständen in den Konzentrationslagern gehört. Hier sah man einen Zug des fürchterlichsten Elends, schweigend schleppten sie sich mühselig weiter, ab und zu Kommandorufe der Bewacher, dann Kolbenhiebe, wenn sich ein Müder an den Straßenrand setzte. Mitunter gab es einige alte Leute, die Brot und Wasser reichen wollten – es war ein sehr warmer Frühlingstag –, aber sofort sprangen die Wachposten dazwischen. Wegbleiben! Runter von der Straße! Mich packte das kalte Grauen, wenn ich daran dachte, wie die Sühne für solche Schuld aussehen würde, die hier auf das eigene Volk geladen worden war. Und noch wussten wir nichts von den Millionen der Vergasten und Ermordeten."

Tage vor diesem Ereignis in Bad Suderode, am 4. April 1945, schaffte die Heeresversuchsanstalt Peenemünde noch ihre Akten und Forschungsdokumente für die V-Waffen vom Kohnstein in die Erzschächte der Grube Georg-Friedrich in Dörnten bei Goslar. Aber dort wurden die wertvollen etwa 10 Tonnen Dokumente von den Amerikanern gefunden und vor dem Einmarsch der Engländer weggeschafft.

Die amerikanischen Truppen nahmen am 10. April 1945 Bleicherode und den Kohnstein ein. Staunend sollen sie vor dem weltgrößten, unterirdischen Rüstungswerk gestanden haben. Schnell wurden die zurückgelassenen Raketen und weitere Technik in „eigene Sicherheit" gebracht und die zurückgebliebenen Raketenexperten wurden umgehend für die USA verpflichtet. Das war freilich nicht im Sinne der vorher gefassten Beschlüsse der Alliierten und der Sowjetunion. Etwa 100 Raketen sowie Unmengen von Bauteilen, insgesamt 16 Schiffsladungen, wurden vor Einmarsch der „Russen" abtransportiert und von Antwerpen nach New Orleans verschifft.

Die Sowjets kamen erst am 5. Juli nach Niedersachswerfen. Und der gesamte südöstliche Teil des Harzgebietes sollte ihnen dann, gemäß Potsdamer Abkommen, zugesprochen werden. Was sie noch fanden, waren nur seitens der Amerikaner zurückgelassenen Reste, insbesondere Produktionsanlagen und Bauteile. Aber sie hatten den Standortvorteil! Im Südharzer Umkreis gab es noch zahlreiche Experten und Fachkräfte, die zwangsverpflichtet werden konnten. Schnell konnte so der technologische und strategische Rückstand gegenüber den Amerikanern aufgeholt werden. Bis Herbst 1946 arbeiteten im Raum Nordhausen noch Sowjets und zwangsverpflichtete Deutsche, zuletzt angeblich 6.000 - 7.000 Personen zusammen am Raketenbau. Dann zogen sich die sowjetischen Militärs urplötzlich in die Sowjetunion zurück und der Kohnstein – das Geheimprojekt Mittelbau – wurde gesprengt.

Am 30. Juni 1945 zogen die Amerikaner aus der gegenüberliegenden, nordöstlichen Harzregion ab. Nach Gernrode, in das abgelegene Haus Hagental, hatten die Junkers Flugzeugwerke, nach dem Beginn der alliierten Bombenangriffe, ihre Konstruktionsabteilung verlegt. Gefertigt wurde unter anderem im Kohnstein. Bei der Räumung des Kohnsteins erhielten die Amerikaner auch Kenntnis von dem Technologiestandort Gernrode. Am 30. Juni zogen sie für immer ab und überließen den Sowjets dieses Gebiet. Vorher transportierten sie aber tonnenweise Konstruktionsunterlagen aus Gernrode ab.

Philosophisch betrachtet, ist der 2. Weltkrieg bis heute nicht zu Ende. Die Siegermächte haben das technologische Vernichtungspotential der deutschen Nationalsozialisten außer Landes geschafft, weiterentwickelt, perfektioniert und gegen neue, andere Gegner eingesetzt. Ost gegen West während der Zeit des „Kalten Krieges", in Korea, in Vietnam, in Afghanistan, im Irak usw. – und immer mit dabei Raketen und Flugzeuge mit NS-Technologie. Und Schizophrenie des Schicksals, ausgerechnet Deutschlands führender Raketenexperte Wernher von Braun, bringt die Amerikaner auf den Mond. Man kann es auch anders ausdrücken: Durch die Initiierung der Zweiten Weltkrieges hat Deutschland den Himmel verschenkt.

Heute gibt die KZ-Gedenkstätte Mittelbau-Dora Auskunft über dieses dunkelste Kapitel deutscher Geschichte. Die Gedenkstätte ist zugleich Museum, Ausstellung und Forschungsstandort. Sie umfasst das Häftlingslager Dora, das SS-Lager, das Industriegelände Mittelbau und den Kohnstein-Stollen, der in den letzten Jahren wieder zugänglich gemacht wurde. In einem neu gebauten Museum werden eine Dauerausstellung zur Geschichte des KZ Mittelbau-Dora sowie wechselnde Wanderausstellungen gezeigt. In diesem Gebäude sind auch das Besucherzentrum sowie die Archive, Seminarräume und das Museumscafé integriert.

KZ-Gedenkstätte Mittelbau-Dora, Foto: Archiv Werner Hartmann

Nun jedoch zurück zu Arthur Rudolph: Er war für den Transport der Ausrüstung zuständig und bekam anschließend als Betriebsdirektor der Mittelwerk GmbH die Verantwortung für die A4-Produktion und den Häftlingseinsatz übertragen. Im März 1945 musste er die Produktion aufgrund fehlender Teile einstellen lassen. Rudolph und sein Personal zogen nach Oberammergau, wo sie sich mit von Braun und anderen Mitarbeitern aus Peenemünde trafen. Hier ergaben sie sich der U.S. Army und wurden von dieser nach Garmisch-Partenkirchen abtransportiert.

Rudoph wurde zusammen mit von Braun und den anderen A4-Spezialisten in die USA verpflichtet. Dieses Team arbeitete an der Weiterentwicklung des A4 sowie dessen Nachfolgemodellen. Im Jahr 1949 emigrierte Rudolph offiziell in die USA und erhielt 1954 die US-Staatsbürgerschaft. 1956 wurde Rudolph zum Technischen Direktor des Redstone-Raketenprojektes sowie zum Projektmanager des MGM-31 Pershing-Missile-Projektes ernannt. Im Jahr 1961 ging Rudolph zur NASA, wo er als stellvertretender Direktor der Abteilung System Engineering tätig war. Daran anschließend trug er, bis zu seiner Pensionierung im Jahr 1969, als Projektdirektor des Saturn-V-Raketenprogramms Verantwortung; am 9. November 1967 fand der erste gelungene Start einer Saturn-V-Rakete statt.

Im September 1982 erhielt er eine schriftliche Einladung zu einer Befragung durch das Office of Special Investigations (OSI). Das war eine 1979 gegründete und dem Justizministerium der Vereinigten Staaten unterstellte Behörde, welche die Fahndung und Strafverfolgung nationalsozialistischer Kriegsverbrecher durchführte, die in die Vereinigten Staaten eingewandert waren. 1983 unterzeichnete Rudolph, angeblich unter Zwang und in Sorge um Frau und Tochter, eine Vereinbarung mit der OSI, in welcher er versicherte, die USA zu verlassen und auf die USA-Staatsbürgerschaft zu verzichten. Durch diese Vereinbarung entging Rudolph der Strafverfolgung durch die amerikanischen Behörden und behielt seine Pensionsansprüche; die Staatsbürgerschaften seiner Frau und seiner Tochter wurden beibehalten. 1984 emigrierte Arthur Rudolph mit seiner Frau nach Deutschland und er legte seine US-Staatsbürgerschaft wie vereinbart ab. In Deutschland fanden daraufhin Ermittlungen gegen Rudolph statt, die jedoch keine Basis für eine Strafverfolgung ergaben, woraufhin Rudolph erneut die deutsche Staatsbürgerschaft zuerkannt wurde. Arthur Rudolph starb am 1. Januar 1996 in Hamburg an einem Herzanfall.

Wenden wir uns nun der V1 zu, die wie die V2 (Aggregat 4) unter Rudolphs Leitung in Mittelbau gefertigt worden war. Als Vergeltungswaffe 1 (V1) wurde der erste militärische Marschflugkörper Fieseler Fi 103 bezeichnet. Das von den Gerhard-Fieseler-Werken in Kassel entwickelte „Ferngeschoß in Flugzeugform" trug den Tarnnamen FZG 76 (Flakzielgerät 76) und wurde ab Frühjahr 1944 produziert. Von Juni 1944 bis zum Kriegsende wurden ca. 12.000 Fi 103 hergestellt und schwerpunktmäßig gegen Ziele in England und Belgien eingesetzt.

In der Technikgeschichte wird der Strahlantrieb für diesen Marschflugkörper auch als Schmidt-Rohr, Argus-Rohr oder Argus-Schmidt-Rohr
bezeichnet. Paul Schmidt (1898 - 1976) aus Hagen ist der Erfinder dieses Antriebs. Kriegsbedingt wurde die Fertigung des Antriebs von den
Argus-Werken in Berlin übernommen und in der Fieseler Fi 103 (V1)
verbaut. Bei diesem Antrieb handelt es sich technisch um ein Pulsstrahl-
triebwerk auf Ventilbasis. Das aus dem Treibstoff erzeugten Gasge-
misch wird in diesem Triebwerk periodisch gezündet, gesteuert wird der
Verbrennungs- und Entladungszyklus durch spezielle Ein- und Auslass-
ventile (Flatter- oder Jalousie-Ventile).

Einer der neuen V1-Flugkörper wird an die Abschußrampe gerollt.
Quelle: Der zweite Weltkrieg in Bildern und Dokumenten,
Band 3 Sieg ohne Frieden 1944 - 1945
Hans-Adolf Jacobsen, Hans Dollinger;
Verlag Kurt Desch München GmbH Wien Basel 1962

Die V1 wurde nach der Auftragserteilung durch das RLM im Juni 1942
gemeinsam durch die Firma Fieseler und die Firma Argus zur Serienreife entwickelt. Getestet wurden die V1 in der RVA Peenemünde.

Der V1-Marschflugkörper hatte eine Länge von 7,42 m, eine Flügel-
spannweite von 5,30 m und war ein sehr komplexes Gerät. Neben dem
geschilderten Triebwerk „Schmidt-Rohr" war der Flugkörper mit einem
Druckluftbehälter ausgestattet. Die Druckluft hatte mehrere Funktionen:
zum Betrieb für den Kreiselkompass zur automatischen Kurskorrektur;
zum Betrieb der Steuerelemente (Seiten- und Höhenruder) und zur
Treibstoffförderung für das Triebwerk. An der Spitze des Flugkörpers
war ein kleiner Propeller installiert, der ein Zählwerk zur Ermittlung der
zurückgelegten Strecke antrieb. Beim Erreichen der voreingestellten
Strecke wurde durch das Zählwerk das Triebwerk abgestellt und das
Höhenruder so betätigt, dass die Flugbombe zum Absturz gebracht
wurde. Durch einen Aufschlagszünder wurde die Detonation der 850 kg
Sprengladung ausgelöst. Später wurde die V1 sogar serienmäßig über
Funk gesteuert, wobei unterschiedliche Verfahren von verschiedenen
Herstellern verbaut wurden.

V1-Rakete

8.892 Stück der V1 sollen insgesamt vom Boden aus abgeschossen
worden sein, die restlichen etwa 1.600 Stück wurden von Flugzeugen
des Typen He-111 H aus der Luft gestartet. Nach Ende des Krieges
gingen sowohl die Technologie als auch das Know-how der Entwickler

zu den Siegermächten. Die USA, Frankreich und die Sowjetunion entwickelten die V1 weiter und begründeten darauf ihre Lenkraketen-Konzepte.

Nun komme ich nochmals zur V2 – Aggregat 4 – zurück, die ich noch technisch etwas näher erläutern möchte. Aggregat 4 (A4) war die Typenbezeichnung der weltweit ersten funktionsfähigen Großrakete mit Flüssigkeitstriebwerk. Diese ballistische Boden-Boden-Rakete stellte für die damalige Zeit schon von ihrer Größe her – Länge 14 Meter, Gewicht 13,5 Tonnen – ein angsteinflößendes Gerät dar. Die V2 war fast doppelt so lang wie eine Messerschmitt Me 163 und ein beeindruckendes Zeugnis deutscher Ingenieurskunst – auch wenn diese Entwicklung besser zu friedlichen Zwecken hätte eingesetzt werden sollen. Die V2 war zwar nur eine einstufige Rakete, dennoch hatte sie etwa 20.000 Einzelteile. Ihr Rumpf bestand aus einem Gerüst aus Spanten und Stringern, auf die eine dünnen Stahlblech-Außenhaut vernietet war. Im Wesentlichen definierte sich die Rakete aus vier Hauptbaugruppen:

- Gefechtskopf mit Aufschlagszünder
- Gerätegruppe mit Batterien und Kreiselsteuerung
- Mittelteil mit den Tanks für Ethanol sowie Flüssigsauerstoff
- Heck mit Schubgerüst, Stickstoff-Druckflaschen, Dampferzeuger, Turbopumpe, Brennkammer, Nachbrenner, Schubdüse, Strahlruder und Luftruder.

Die V2 wurde durch ein Gemisch aus 75 Prozent Ethanol und 25 Prozent Flüssigsauerstoff angetrieben, das mittels Hochdruckpumpe eingespritzt wurde. Die Pumpenbaugruppe steuerte zudem den Einspritz- und den Auslassvorgang des Triebwerkes. Zu ihrem Antrieb diente eine Dampfturbine mit 500 PS. In einem Dampferzeuger wurde – durch die katalytische Zersetzung von Wasserstoffperoxid mittels Kaliumpermanganat – Dampf erzeugt. In Druckbehältern auf 200 Bar komprimierter Stickstoff diente sowohl zur Förderung des Wasserstoffperoxids, wie auch zur Steuerung der Ventile.

Das Aggregat 4 war militärtechnisch eine Revolution. Sie erreichte etwa 60 Sekunden nach dem Start ihre Höchstgeschwindigkeit von etwa 5.500 km/h. Die Reichweite der V2 betrug jedoch nur etwa 250 bis 300 km, was zur Folge hatte, dass das Ziel in 4 bis 5 Minuten erreicht war – dagegen gab es damals keine Abwehrwaffe. Dennoch entsprach die

Konstruktion dieser Rakete, bezüglich ihrer geringen Reichweite, nicht den militärischen Erwartungen und Anforderungen, was jedoch nicht propagiert wurde.

Links: Startwagen für den Abschuss einer V2
Rechts: Start einer V2. Auch die technisch bedeutungsvolle
Raketenentwicklung hatte keine kriegsentscheidende Bedeutung:
Der finanzielle Aufwand stand in keinem Verhältnis zum Erfolg.
Insgesamt wurden 1050 V2-Raketen abgeschossen.
Quelle beide Fotos: Der zweite Weltkrieg in Bildern und Dokumenten,
Band 3 Sieg ohne Frieden 1944 - 1945, Hans-Adolf Jacobsen, Hans
Dollinger; Verlag Kurt Desch München GmbH Wien Basel 1962

Aufbau der Rakete "Aggregat 4"

Schnittdarstellung der Rakete
Aggregat 4/V 2,
2014,
Urheber: Eberhard Marx

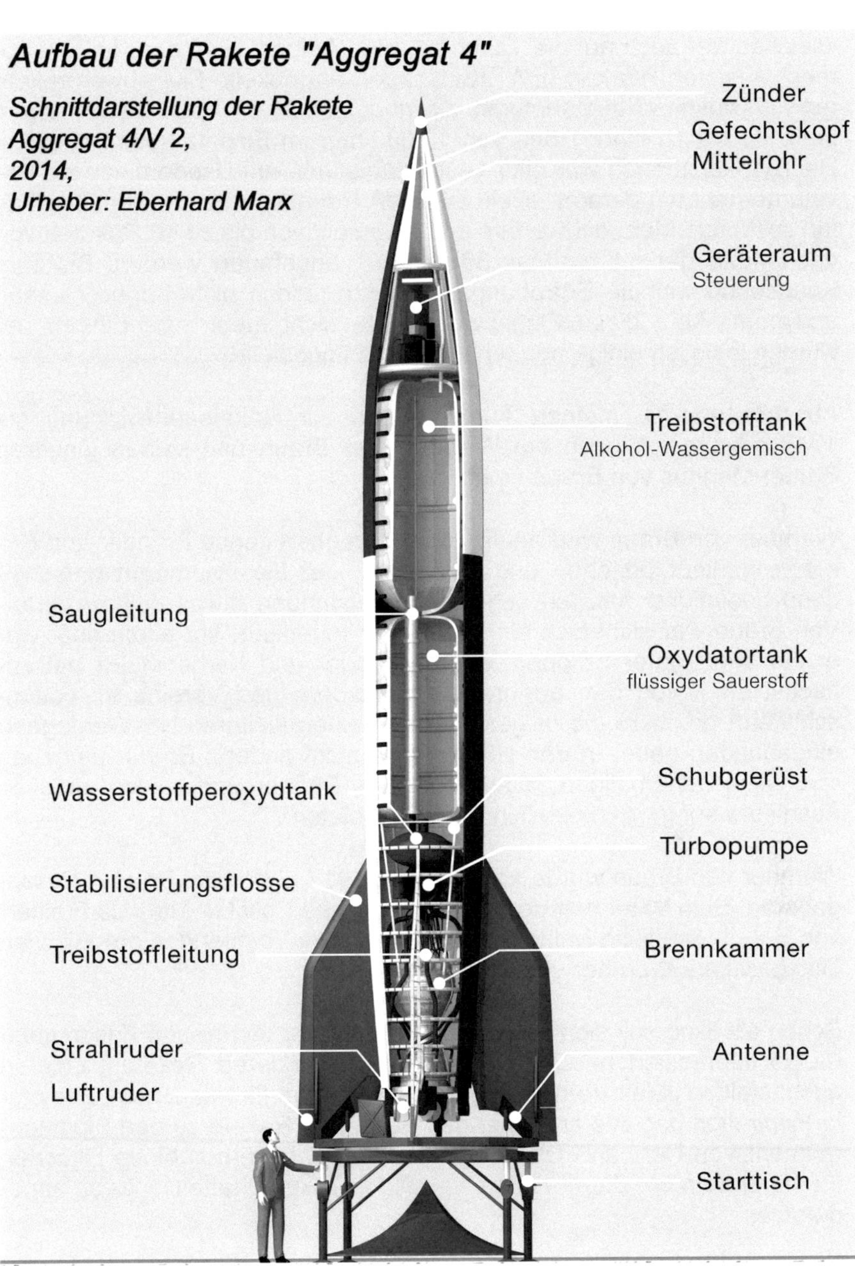

Gleiches traf auch auf die Taifun zu, eine Anfang 1944 bei den Elektromechanischen Werken (EW) Karlshagen entwickelte Flugabwehrrakete mit Flüssigkeits-Raketenmotor, die ungesteuert im Massenstart gegen Luftziele bis zu einer Höhe von 10.000 m zum Einsatz kommen sollte. Die EW Karlshagen war eine Technologiefirma auf Usedom, die als Privatunternehmen getarnt, direkt zur HVA Peenemünde gehörte. Die Taifun sollte aus Mehrfachwerfern im Salventakt von bis zu 48 Raketen von der Lafette der 8,8-cm-Flak 36 oder 37 abgefeuert werden. Bis zum Kriegsende war die Erprobung der Taifun jedoch nicht abgeschlossen und somit kam diese Flugabwehrrakete nicht mehr zum Einsatz; es wurden lediglich einige hundert Geräte fertiggestellt.

Abschließend zu meinen Ausführungen zur Raketenentwicklung bis 1945 möchte ich noch auf Wernher von Braun und seinen jüngeren Bruder Magnus von Braun eingehen.

Wernher von Braun wird häufig als der wegbereitende Erfinder und Raketeningenieur gesehen und dargestellt, der die Raumfahrt entscheidend beeinflusst hat. Ich sehe seine Leistungen etwas differenzierter: Von Braun war sicherlich ein exzellenter Ingenieur, vor allem aber war er ein begnadeter Strippenzieher, Manager und Karrierist. Er hat zunächst stark von den erfahrenen Mitgliedern des Vereins für Raumschifffahrt profitiert, die er geschickt in seinen weiteren NS-Werdegang eingebunden hatte. In den USA war es nicht anders: Er war umgeben von seinen ehemaligen Mitarbeitern aus Peenemünde, alles absolute Fachleute auf ganz speziellen Technikgebieten.

Wernher von Braun wurde am 23. März 1912 in Wirsitz, Provinz Posen, geboren. Sein Vater war der Gutsbesitzer und Politiker Magnus Freiherr von Braun und seine Mutter Emmy von Braun, Tochter des preußischen Gutsbesitzers Wernher von Quistorps.

Schon als Kind soll sich Wernher von Braun für technische Zusammenhänge interessiert haben. Wie bei einigen anderen Raketenpionieren auch, stellten Jules Vernes Utopien in Buchform für von Braun eine erste Inspiration dar. Als er später das Buch „Die Rakete zu den Planetenräumen" von Hermann Oberth gelesen hatte, bekamen diese Fiktionen für ihn erste reale Züge – seine berufliche Zukunft hatte Konturen angenommen.

Seine diesbezügliche Zielstrebigkeit war schon zu jener Zeit klar erkennbar. Wernher von Braun las nicht nur Oberths Werk, er nahm auch alsbald Kontakt zu ihm auf. Bereits während der Schulzeit – ab 1929 – konnte er in Berlin an Oberths Projekten mitarbeiten. Nach dessen Rückkehr nach Siebenbürgen im August 1930 – tüftelte von Braun unter Anleitung der Mitglieder des Vereins für Raumschifffahrt auf dem Raketenflugplatz Berlin/Reinickendorf an den ersten Raketen mit Flüssigkeitstriebwerken mit. Insbesondere Johannes Winkler, Max Valier, Kurt Heinisch, Rudolf Nebel und Klaus Riedel förderten den jungen von Braun.

1930 legte von Braun das Abitur ab und begann noch im selben Jahr ein Ingenieurstudium an der TH Berlin-Charlottenburg sowie an der ETH Zürich. 1932 erwarb er das Diplom als Ingenieur an der TH Berlin. Dort war Walter Dornberger ein Studienkollege von Wernher von Braun. Dornberger wurde nach dem Studium 1932 die Entwicklung von Feststoffraketen im Heereswaffenamt übertragen. Er war mit dem Verein für

Raumschifffahrt in jener Zeit in Kontakt und stellte finanzielle Unterstützung durch das Heereswaffenamt in Aussicht, wenn der Verein die Raketenforschung militärisch ausrichten und sich zur Geheimhaltung verpflichten würde, was der Verein jedoch ablehnte. Dennoch konnte Dornberger von Braun als Zivilmitarbeiter für das Heereswaffenamt gewinnen.

Wernher von Braun wechselte am 1. Oktober 1932 nach Kummersdorf in die HVA über und nahm das von seinen Mentoren erworbenes Wissen und die Erfahrungen aus Reinickendorf mit ins andere Lager. Kurze Zeit später folgten ihm noch zwei Vereinsmitglieder nach: Klaus Riedel und Kurt Heinisch. 1934 promovierte Wernher von Braun an der Friedrich-Wilhelms-Universität in Berlin zum Dr. phil. mit einer Arbeit über „Konstruktive, theoretische und experimentelle Beiträge zu dem Problem der Flüssigkeitsrakete". Hier stellt sich die Frage, warum er mit einem solchen Dissertationsthema nicht in Ingenieurwissenschaften promovierte, sondern in Geisteswissenschaften? Zudem gibt sein Diplom-Ingenieur-Studium Fragen auf: auch in den 1930er Jahren war es nicht üblich, nach nur 2 Jahren Studium (4 Semester) das Diplom ablegen zu können.

Neben Wernher von Braun, Klaus Riedel, Kurt Heinisch und Heinrich Grünow stieß Anfang 1933 auch Dr. Kurt Wahmke (1904 - 1934) zu der Kummersdorfer Forschergruppe. Wahmkes Dissertationstitel lautete: „Untersuchungen über die Ausströmung von Gasen durch zylindrische Düsen"; diese Arbeit war Geheime Verschlusssache. Am 16. Juli 1934 kamen Wahmke und zwei Techniker bei der Explosion eines mit 90%igem Wasserstoffperoxid-Alkohol-Gemisch betriebenen Raketentriebwerkes ums Leben.

Wie aus diesen Ausführungen ersichtlich wird, war Wernher von Braun in Kummersdorf von einigen erfahrenen Raketenfachleuten umgeben – er war in diesem Team sicherlich der Unerfahrenste. Dennoch wird ihm in den meisten Publikationen die Entwicklung von Aggregat 1 - 3 zugeschrieben, was wohl nicht der Realität entspricht.

Nachdem Aggregat 2 Ende 1934 erfolgreiche Flüge absolviert hatte, wurde jedoch klar, dass Kummersdorf als Entwicklungs- und Versuchsgelände zu klein war. Es wird von Braun zugeschrieben, den Standort Usedom/Peenemünde als Standort für die neue Heeresversuchsanstalt vorgeschlagen zu haben. Wernher von Braun war maßgeblich an er Planung und Errichtung der HVA Peenemünde beteiligt und wurde dort 1937 Technischer Direktor.

In der Folgezeit, bis zum Kriegsende, konstruierte von Braun mit einem Team von ausgezeichneten Fachleuten die A 4 (V2) und die A 5; auch an der Entwicklung und Erprobung der V1 war er beteiligt. Von Braun war jedoch in den Peenemünder Jahren mehr der Technische Direktor, der Organisator und Strippenzieher als der Erfinder, Konstrukteur und Entwickler. Wernher von Braun war zudem Mitgliedglied der NSDAP sowie Offizier der SS.

Im Juli 1943 kam Magnus von Braun (1919 - 2003) auf Anforderung seines Bruders Wernher zur Heeresversuchsanstalt nach Peenemünde. Magnus war Chemie-Ingenieur und arbeitete an der Entwicklung der Triebwerke mit.

In der HVA Peenemünde hatte sich Wernher von Braun endgültig von der Raumfahrtforschung verabschiedet. Mit der A4 war eine Waffe geschaffen worden, die die Kriegsgegner in Angst und Schrecken versetzte, obwohl ihre Kampfkraft relativ gering war, und für die er entscheidend Verantwortung trug. Von Braun war sich seiner Verantwortung wohl bewusst, was ihn jedoch nicht davon abhielt enge Kontakte zur NS-Führung zu unterhalten. Die A4/V2 wurden im Dora-Mittelbau bei Nordhausen in unterirdischen Anlagen produziert. Die Arbeitskräfte waren KZ-Häftlinge und Zwangsarbeiter. Wernher von Brauns Bruder Magnus wurde im Sommer 1944 nach Dora-Mittelbau abkommandiert, um dort die Produktion und Forschung mit zu leiten.

Am 11. April 1945 besetzten US-Truppen die Produktionsstätte Dora-Mittelbau. Einhundert V2-Raketen wurden in die USA abtransportiert und bildeten dort den Grundstock des US-amerikanischen Raketenprogramms.

Wernher von Braun und seine Peenemünder Raketenexperten wurden wenige Tage zuvor, auf Befehl von Hans Kammler, ins Oberallgäu verlegt.

Bruder Magnus, der gut Englisch sprach, kontaktierte nach der Besetzung Oberbayerns durch die Amerikaner diese. Das strategische Interesse am deutschen Raketen-Know-how war groß bei den Amerikanern. Noch zu Kriegszeiten wurden in der Aktion Operation Overcast gezielt deutsche Wissenschaftler gesucht, um sich ihres Wissens bemächtigen zu können. Am 2. Mai 1945 stellte sich von Braun zusammen mit einigen Wissenschaftlern aus seinem Team den US-Streitkräften.

Dr. Wernher von Braun kapituliert vor dem Personal des US- Armee Abschirmdienstes (44. Infanterie-Division) in Ruette, Bayern am 2. Mai 1945. Von links nach rechts sind Charles Stewart, CIC-Agent; Dr. Herbert Axster; Dieter Huzel; Dr. von Braun (Arm in der Form); Magnus von Braun (Bruder) und Hans Lindenberg
Quelle http://archive.org/details/MSFC-6517789
Autor US-Armee, 2. Mai 1945

Wernher von Braun und die anderen Raketenexperten wurden zwar ausgiebig verhört, dann jedoch bereits im Spätsommer 1945 in die USA verbracht. Dort wurden sie nach Fort Bliss, Texas, gebracht. Ende 1945/Anfang 1946 erreichten über hundert weitere Peenemünder Fort Bliss, darunter sein jüngerer Bruder Magnus.

Wernher von Braun musste in der Folgezeit amerikanische Experten über die Funktionsweise der V2 sowie aller Peenemünder Entwicklungen unterrichten. Für seine Aktivitäten im Krieg sowie für seine Mitgliedschaft in der NSDAP sowie in der SS wurde er nie zur Verantwortung gezogen – so wie auch die meisten seiner Kollegen nicht.

Wernher von Braun hoffte, in den USA an seinem ambitionierten Raketenprogramm umgehend weiter arbeiten zu können. Dass er nun unmittelbar für seinen vormaligen Feind arbeitete und für seine Tätigkeit im NS-Regime keine Verantwortung übernahm, spielte für ihn wohl keine Rolle, was insgesamt ein klares Bild seines Charakters zeichnet. Jedoch begann zunächst in den USA eine Demobilisierung, die es mit sich brachte, dass keine finanziellen Mittel für Raketenforschung bereitgestellt wurden.

Die finanzielle Situation änderte sich erst mit dem Beginn des Koreakrieges im Jahr 1950. Von Braun bekam den Auftrag, mit seinem Team nach Huntsville zu gehen und an der Entwicklung einer ballistischen Rakete zu arbeiten. Es war die Redstone, die erste US-amerikanische Rakete, die im Prinzip jedoch auf der Technik der A4/V2 basierte.

Im August 1953 fand ihr erster Testflug statt. Zu der Zeit war von Braun für etwa 1.000 Mitarbeiter verantwortlich.

Am 14. April 1955 wurden Wernher von Braun und seine Frau US-amerikanische Staatsbürger.

Neben seiner Entwicklungstätigkeit im militärischen Sektor setzte von Braun sich zudem für die Raumfahrt ein, stieß damit jedoch bis zum Start des sowjetischen Sputniks 1957 weitgehend auf taube Ohren.

Die sowjetische Überlegenheit in der Raumfahrt- und Raketentechnik schreckte die USA auf und führte 1958 zur Gründung der NASA, die ein Jahr später die gesamte Mannschaft von Wernher von Braun übernahm. Schon zuvor war die Entscheidung zum Saturn- und zum Mercury-Programm gefallen.

Das Saturn-Programm stand für ein Raumfahrt-Trägersystem und das Mercury-Programm für das erste bemannte Raumfahrtprogramm.

Im Jahr 1960 wurde von Braun Direktor des Marshall Space Flight Centers in Alabama, eine Position, die er bis 1970 innehatte.

Als im April 1961 Juri Gagarin mit Wostok 1 einmal die Erde umrundete, sahen die USA dies als eine weitere technologische Niederlage an.

Über die nächsten Jahre nahm die Entwicklung rasant an Fahrt auf. Das Mercury-Programm wurde von Gemini abgelöst. Bis zu 400.000 Menschen arbeiteten schließlich am Apollo-Programm. 1967, zwei Jahre vor Kennedys Ultimatum, startete die unter von Brauns Leitung entwickelte Saturn V mit Apollo 4 zu ihrem Erstflug. Der erste bemannte Start im Folgejahr war gleichzeitig der erste Flug von Menschen in den Mondorbit.

Von Brauns größter Erfolg und die Erfüllung langjähriger Träume wurde die bemannte Mondlandung im Jahr 1969.

1970 wurde Wernher von Braun Direktor des neu geschaffenen Planungsbüros der NASA. In dieser Funktion setzte er sich stark für eine bemannte Mars-Mission ein.

Seine Bemühungen blieben jedoch, auch auf Grund des Vietnam-Krieges, vergebens; es wurden keine finanziellen Mittel dafür bereitgestellt.

Enttäuscht wechselte von Braun dann 1972 von der NASA in die Privatwirtschaft. Er wurde einer der Vizepräsidenten von Fairchild, einem Luft- und Raumfahrtkonzern. Dort trat er unter anderem für neuartige Kommunikationssatelliten ein, welche eine Verbindung in abgelegene Gebiete ermöglichen sollten. Durch die Verschmelzung von Fairchild und Dornier, das zur Daimler-Benz AG gehörte, wurde er 1975 Aufsichtsratsmitglied bei Daimler.

Am 16. Juni 1977 starb Wernher von Braun in Alexandria, Virginia.

Als Fazit muss abschließend festgehalten werden: Keine andere Nation hatte bis 1945 so viel technisches Know-how im Flüssigraketensektor erworben wie Deutschland. Leider wurden dieses technische Potential, sowie der Erfindungsreichtum der deutschen Ingenieure, von den Nationalsozialisten in die falschen Bahnen gelenkt und ausschließlich zur Kriegsführung verwendet.

Deutschland hatte damit den Himmel verschenkt!

Literaturverzeichnis

Bornemann, Manfred, Geheimprojekt Mittelbau, Lehmanns Verlag, München, 1994

Brandecker, Walter Gerhard, Ein Leben für eine Idee. Der Raketen-Pionier Max Valier, Union Verlag, 1961

Buedeler, Werner, Geschichte der Raumfahrt. Sigloch Edition, 1996

Dornberger, Walter, Peenemünde – die Geschichte der V-Waffen, Bechtermünz-Verlag, Esslingen, 1981

Fieseler, Gerhard, Meine Bahn am Himmel, Bertelsmann-Verlag, München, 1979

Günzel, Karl Werner, Die fliegenden Flüssigkeitsraketen, Raketenpionier Klaus Riedel: Versuchsgelände Bernstadt, Oberlausitz und Raketenflugplatz Berlin; von den Anfängen der Raketentechnik, 1989

Hahn, Fritz, Deutschlands Geheimwaffen 1935 - 1945, Erich Hoffmann Verlag, Heidenheim, 1992

Hartmann, Werner, Raketenversuche im Harz, Sammlung von Dokumenten und Veröffentlichungen, unveröffentlicht

Hellmold, Wilhelm, Die V1 – eine Dokumentation, Bechtermünz Verlag, Esslingen – München 1999

Lange, Bruno, Das Buch der deutschen Luftfahrttechnik, Verlag Dieter Hoffmann, Mainz, 1970

Irving, David, Die Geheimwaffen des Dritten Reiches, Bertelsmann-Verlag, Gütersloh, 1965

Oberth, Hermann, Die Rakete zu den Planetenräumen, 1923, Nachdruck: Michaels-Verlag, 1984

Rauschenbach, Boris, Hermann Oberth 1894 - 1989. Über die Erde hinaus. Eine Biographie, Böttiger, Wiesbaden, 1995

Reisig, Gerhard, Raketenforschung in Deutschland. Wie die Menschen das All eroberten, Agentur Klaus Lenser, Münster, 1997

Trischler, Helmut, Schrogl, Kai-Uwe, Ein Jahrhundert im Flug – Luft- und Raumfahrtforschung in Deutschland 1907 - 2007, campus

Sternal, Bernd, Halberstadt – Fliegerstadt bis 1918: Mit einem Abriss der Luftfahrtgeschichte; Verlag Sternal Media, Gernrode, 2015

Von Hoefft, Franz, Hohmann, Walter, Debus, Karl, Von Pirquet, Guido, Ley, Willy, Die Möglichkeit der Weltraumfahrt. Allgemeinverständliche Beiträge zum Raumschiffahrtsproblem. Sander, Hachmeister & Thal, Leipzig 1928

Weyer, Johannes, Wernher von Braun, rororo, Hamburg, 1999

Weitere Bücher aus dem Verlag Sternal Media

Halberstadt – Fliegerstadt bis 1918
mit einem Abriss der Luftfahrtgeschichte
Autor: Bernd Sternal

Der Autor hat sich einem regionalen Kapitel der Indust-
rie- und Technik-Geschichte zugewandt, das weitgehend in Vergessenheit geraten ist: Halberstadt als einer
der innovativsten und erfolgreichsten Flugzeugproduk-
tionsstandorte des Ersten Weltkrieges sowie als re-
nommierter Standort zur Pilotenausbildung.
Um die technischen, wirtschaftlichen und politischen
Zusammenhänge, wie Halberstadt zur Fliegerstadt
wurde, besser zu veranschaulichen, hat der Autor dem
Regionalteil einen kurzen Abriss der Luftfahrtgeschichte vorangestellt.
Das Buch ist zudem mit ca. 100 seltenen Zeitdokumen-
ten in Form von Fotos, Grafiken und Zeichnungen aus-
gestattet, die einen Eindruck von einer Zeit vermitteln,
die erst 100 Jahre zurückliegt, uns jedoch vom Stand
der Technik her wie eine kleine Ewigkeit vorkommt.

Taschenbuch: ISBN: 978-3-7386-5979-5

Im Anflug auf Planquadrat Julius - Caesar
Flugzeugabstürze des 2. Weltkrieges im nördlichen Harzvorland
Autor: Bernd Sternal, Werner Hartmann

Die nördliche Harzregion ist, mit Ausnahme von Halberstadt, recht glimpflich durch den 2. Weltkrieg gekommen, was die eigentlichen Kriegshandlungen be-
trifft. Dieser grauenhafte Weltkrieg, der 60 bis 70
Millionen Tote gefordert hat – hinzu kamen unzählige
Vermisste, Invaliden, Witwen und Waisen – hat un-
ermessliches Leid über die Menschheit gebracht. Ich
habe errechnet, dass dieser Krieg genau 2194 Tage,
6 Jahre und einen Tag gedauert hat und dass in jeder
Stunde dieses unseligen Krieges zwischen 1139 und
1329 Menschen ihr Leben verloren, das heißt in jeder
Minute gab es 19 bis 22 Tote!
Im Buch ist eine farbige Übersichtskarte mit den Ab-
sturzorten der Flugzeuge eingefügt sowie 32 zeitgenössische schwarz-weiße Abbildungen.

Taschenbuch: ISBN: 978-3-7392-1834-2

Die Harz-Geschichte
Autor: Bernd Sternal

Der Harz als nördlichstes deutsches Mittelgebirge war zu allen Zeiten eine Kulturscheide. Daraus entwickelt hat sich eine einzigartige Kulturlandschaft, eine Symbiose aus verschiedensten Landschaftsformen und Vegetationsstufen, einhergehend mit den unterschiedlichsten menschlichen Siedlungsstrukturen. Dieses Mittelgebirge, mit seinen Vorlanden, in all den Facetten seiner Entwicklung vorzustellen, ist Anliegen dieser Bücher.

Band 1: Von seiner geologischen Entstehung bis zur Zeit der Völkerwanderungen
Gebundene Ausgabe: ISBN: 978-3-8423-4263-7
Taschenbuch: ISBN: 978-3-8482-0263-8
Band 2: Das Früh- und Hochmittelalter:
Gebundene Ausgabe: ISBN: 978-3-8482-1339-9
Taschenbuch: ISBN: 978-3- 8482-0746-6
Band 3: Das Spätmittelalter:
Gebundene Ausgabe: ISBN: 978-3-7322-6348-6;
Taschenbuch: ISBN: 978-3-7322-6215-1
Band 4: Reformation, Bauernkrieg und Schmalkaldischer Krieg:
Gebundene Ausgabe: ISBN: 978-3-7357-5965-8
Taschenbuch: ISBN: 978-3-7357-5968-9
Band 5: Die Zeit des Dreißigjährigen Krieges:
Gebundene Ausgabe: ISBN: 978-3-7386-4027-4
Taschenbuch: ISBN: 978-3- 7386-3989-6

Die Region Quedlinburg im 9. und 10. Jahrhundert
Autor: Bernd Sternal

Von den Liudolfingern und von Markgraf Gero
Über den Allodialbesitz der Liudolfinger am Nordharz
Über den Aufstieg von Markgraf Gero
Warum die Region Quedlinburg zur Wiege des
Heiligen Römischen Reiches Deutscher Nation wurde
Wenig wissen wir bisher über die Besitzerlangung – Allodialbesitz- und die Besitzstrukturen der Liudolfingischen Sachsen in der Region Quedlinburg. Es gibt nur Mutmaßungen und Thesen an Hand der wenigen Quellen. Nachfolgend möchte ich meine persönliche These darlegen, die auf meinen umfangreichen Studien der Harzregion des 8. - 10. Jahrhunderts, sowie in den Jahrhunderten davor, beruht.

Taschenbuch: ISBN: 978-3-7357-1972-0

In jenen Jahren Band 1 und 2
Autor: Dietrich Wilde

Über die Zeit nach 1945 in Bad Suderode und Gernrode wird
in diesem Buch berichtet. Zunächst als Bürgermeister in Gernrode unter amerikanischer, danach unter russischer Besatzung, später als Richter in Magdeburg und Halle – Zeiten der
Vergewaltigungen und Verbrüderungen, des Wiederaufbaus,
rücksichtsloser Demontage und großherziger Geschenke, Zeiten sowjetischer Härte und russischer Seele! Tragödien und
Komödien im besiegten Deutschland.

Band 1 Taschenbuch: ISBN: 978-3-8423-5364-0
Band 2 Taschenbuch: ISBN: 978-3-8423-8119-3

Tödlicher Alltag - Strafverteidiger im Dritten Reich
Auto: Dietrich Wilde

Ein Berliner Anwalt berichtet von ganz gewöhnlichen Prozessen in den Kriegsjahren

Juristischer Alltag unter der Gewaltherrschaft: das ist die An-
klage gegen einen Hühnerdieb, der auf dem Schafott endet;
gegen eine Wehrmachtshelferin, die eines vermuteten Kame-
radendiebstahls wegen in die Mühlen der Justiz gerät; gegen
einen Jagdflieger, der 1944 nicht mehr an den "Endsieg" glaubt
und mit dem Leben bezahlt. Das Bestürzende und Erschüt-
ternde an den Berichten ist nicht der hinlänglich bekannte Fa-
natismus der NS-Justiz, als vielmehr die ungerührte Ge-
schäftsmäßigkeit, mit der auch zivile und militärische Gerichte
bis in die letzten Tage des Krieges ihre gnadenlose Routine
betreiben.

Die Aufzeichnungen des Strafverteidigers Wilde machen auf
beklemmende Weise die Willfährigkeit deutlich, mit der nicht
nur unmenschlichen Gesetzen gefolgt, sondern das vom Staat
Verlangte auch noch übertrumpft wird.

Taschenbuch: ISBN: 978-3-8482-2428-9